Denksprüche und Gebräuche der Spartaner

ISBN 978-1-4477-4633-1

(622) **Lakonische Denksprüche. (1)**

Agasikles.

1. Als man über den lakedämonischen König Agasikles, der sonst lernbegierig war, sich wunderte, dass er den Sophisten Philophanes nicht zu sich lasse, so antwortete er: „Ich will der Schüler derjenigen sein, deren Sohn ich auch bin!"

2. Als man ihn fragte, wie jemand ohne eine Schar von Trabanten mit Sicherheit herrschen könne, gab er die Antwort: „Wenn er so über sie herrscht, wie Väter über ihre Söhne!"

Agesilaus der Große.[1]

1. Agesilaus der Große war einst bei einem Mahle durch das Los zum Symposiarchen[2] bestimmt worden. Als (623) ihn nun der Mundschenk fragte, wie viel [Wein] er einem jeden bringen solle, so versetzte er: „Wenn viel Wein bereit ist, so viel als jeder verlangt; wenn aber wenig da ist, so gib allen in gleichen Maße!"

---

[1] Viele dieser Anekdoten sind fast wörtlich aus Xenophons Agesilaus ausgezogen

[2] Der Präses des Mahls, der alle Anordnungen zu treffen und zu sorgen hat, dass jeder der Gäste seine gehörige Portion erhalte und auch zu sich nehme.

2. Ein Missetäter hatte die Folter hartnäckig ausgehalten. „Wie ganz verdorben muss doch der Mensch sein", rief er aus, „der die Ausdauer und Festigkeit auf so schlechte und schändliche Dinge verwendet!"

3. Als man einen Rhetor lobte, weil er geringe Dinge gewaltig vergrößern könne, so sagte er: „Ich halte nicht einmal einen Schuster für geschickt, der für einen kleinen Fuß große Schuhe macht!"

4. Als einst jemand zu ihm sagte: „Du hast es zugegeben!" und dasselbe oftmals wiederholte, antwortete er: „Ja, allerdings, wenn es recht ist; wo aber nicht, so habe ich es zwar gesagt, aber nicht zugegeben!" Und als jener ihm entgegnete: „Aber die Könige müssen doch halten, was sie zugesagt!", versetzt er: „Nicht anders, als wie die, welche zu den Königen treten, gerechte Dinge verlangen und reden sollen, Rücksicht nehmen auf das, was die Zeit und der Anstand bei Königen erfordert!"

(624) 5. So oft er andere loben und tadeln hörte, glaubt er eben so gut den Charakter des Redenden als das, worüber er rede, beachten zu müssen.

6. Er war noch jung, als bei einer Feier der Gymnopädien[3] der Chorführer ihn an einen unansehlichen Platz stellte. Indessen folgte er, obschon er bereits zum Könige bestimmt war und sprach: „Gut; so will ich zeigen, dass nicht der Ort dem Mann, sondern der Mann dem Ort Ehre bringt!"

7. Als ihm ein Arzt eine beschwerliche und verwickelte Kur vorschrieb, rief er aus: „Bei den Göttern, wenn mir das Leben überhaupt nicht bestimmt ist, so lebe ich nicht, auch wenn ich alles nehme!"[4]

8. Er stand einst opfernd an dem Altar der Chalciökus[5], als eine Laus ihn biss. Ohne sich zu scheuen, ergriff (625) er offen vor Aller Augen

---

[3] Ein Fest der Spartaner zu Ehren des Apollo und zum Andenken des Sieges über die Argiver bei Thyrsa; die Knaben führten nackt auf dem Marktplatz Reigen und Chöre auf und sangen Lieder dazu. Daher der Name Gymnopädien. – Übrigens bezweifelt Wyttenbach die Echtheit dieser vielleicht später erst entstandenen und unter des Agesilaus Namen verbreiteten Anekdote, da Agesilaus als Knabe noch nicht zum König gewählt oder dazu bestimmt war, da er vielmehr eine Privaterziehung genossen und erst in seinem 43. Jahre König wurde.

[4] Mehr dem Sinne nach wiedergegeben, da die Worte des Textes verdorben erscheinen.

[5] Beiname der Minerva zu Sparta, mit Bezug auf einen ehernen Tempel oder Kapelle derselben; eigentlich *die in einem ehernen Hause Wohnende.*

die Laus und tötete sie mit den Worten: „Wahrhaftig, man tötet den Feind mit Lust selbst am Altar!"[6]

9. Ein andermal sah er einen Knaben eine Maus vom Fenster herabziehen und festhalten; aber die Maus biss den, der sie festhielt, in die Hand und lief davon. Darauf machte er die Anwesenden mit den Worten aufmerksam: „Wenn dieses kleinste Tier so sehr sich wehrt gegen die, welche es beleidigen, was soll man dann von Männern erwarten dürfen?!"

10. Als er den Krieg gegen Persien unternehmen wollte, um die asiatischen Griechen zu befreien, so wandte er sich an das Orakel des Jupiter zu Dodona, und da ihn dasselbe zu diesem Kriegszug aufforderte, meldete er das Orakel den Ephoren, diese aber baten ihn, auch nach Delphi zu gehen und über dieselbe Sache sich zu erkundigen. Er reiste also zu dem Orakel, und legte folgende Worte vor: „Apollo! Bist du derselben Meinung wie dein Vater?" Als dies der Gott bejahte, war er zum Feldherrn ernannt und unternahm den Feldzug.

11. Als Tissaphernes anfangs, aus Furcht vor Agesilaus, einen Frieden mit ihm abschloss, worin er ihm ver-(626)sprach, die griechischen

---

[6] Weil sonst nach griechischer Sitte der, welcher an einen Altar geflohen war, hier sicher und unverletzlich war.

Städte frei und nach ihren Gesetzen leben zu lassen, dann aber als er vom persischen König ein starkes Heer an sich gezogen hatte, ihm den Krieg ankündigte, wenn er sich nicht aus Asien entferne, so war ihm dieser Friedensbruch gar nicht unangenehm; er setzt sich mit seinem Heer in Bewegung, als wolle er gegen Karien rücken, und als nun Tissaphernes dort seine Macht versammelte, brach er auf und fiel in Phrygien ein, wo er sehr viele Städte wegnahm und viele Beute machte. Zu seinen Freunden aber sagte er: Den Frieden auf eine ungerechte Weise brechen, sei gottlos, die Feinde aber täuschen, nicht bloß gerecht und rühmlich, sondern selbst angenehm und Gewinn bringend.

12. Da es ihm an Reiterei gebrach, so zog er nach Ephesus und legte den Reichen auf, für die Befreiung vom Kriegsdienst ein Pferd und einen Mann statt ihrer selbst zu stellen. Auf diese Weise brachte er schnell, statt der Furchtsamen und Reichen eine brauchbare Mannschaft und Pferde zusammen, wobei er versicherte, er folge nur dem Beispiele des Agamemnon, der auch um eine gute Stute einen feigen und reichen Mann vom Feldzuge befreit hätte.[7]

(627) 13. Als auf seinen Befehl, die Kriegsgefangenen nackt zu verkaufen, die Händler An-

---

[7] Anspielung auf Homers Ilias XXIII, 295

stalten zum Verkaufe machten und für die Kleidung sich wohl viele Käufer fanden, die weißen und zarten Leiber aber wegen ihrer Weichlichkeit gänzlich verlacht wurden, weil sie zu nichts zu gebrauchen und zu nichts tauglich seien, trat Agesilaus hinzu mit den Worten: „Das [die Kleidung] ist es, weswegen ihr kämpft; diese aber sind es, mit welchen ihr kämpft!"

14. Er hatte den Tissaphernes in Lydien geschlagen, sehr viele Feinde getötet und verheerte das Land des Königs [von Persien]. Als ihm nun dieser Geld zuschickte mit der Bitte den Krieg zu endigen, so erwiderte Agesilaus: Über den Frieden habe die Stadt[8] zu entscheiden; er aber wolle lieber seine Soldaten reich machen, als selbst reich sein; er halte es für rühmlich, dass die Griechen nicht Geschenke von ihren Feinden annähmen, sondern deren Rüstung erbeuteten.

15. Als Megabatus, der Sohn des Spithridates, ein Jüngling von ausgezeichneter Schönheit, sich ihm näherte, um ihn zu umarmen und zu küssen, weil es sich von ihm sehr geliebt glaubte, so wich er aus, verlangte aber wieder nach demselben, als er zurückgetreten war. Als ihm nun seine (628) Freunde bemerkten, er sei durch seine Furcht vor dem Kusse des Schönen selbst die Ursache, dass jener aus Verzagtheit nicht wieder

---

[8] Nämlich Sparta

kommen werde,[9] ... so schwieg Agesilaus und als er sich etwas länger besonnen, bat er sie, sie sollten jenen nicht überreden [zu kommen]; „Denn ich will lieber", sprach er, „solche Begierde besiegen, als die bevölkertste Stadt der Feinde mit Gewalt erobern; es ist ja besser, seine eigne Freiheit zu erhalten, als anderen sie zu nehmen!"

16. Im Übrigen streng und gerecht, hielt er bei den Angelegenheiten der Freunde die allzu große Gerechtigkeit für einen Vorwand gegen dieselben.[10] So trägt man sich mit einem Briefe, worin er für einen seiner Freunde bei dem Karer Idrieus Fürbitte einlegte in folgenden Worten: „Wenn Nikias unschuldig ist, so lass ihn los; ist er schuldig, so lass ihn für mich los; in jedem Fall aber lass ihn los!"

17. So zeigte sich Agesilaus in den meisten Fällen für seine Freunde; manchmal aber benutzte er auch die Umstände mehr zu seinem Vorteile. So musste er einst, bei einem plötzlichen Aufbruche seinen Geliebten krank zurücklassen, und als dieser unter Tränen bat und zurückrief,

---

[9] Mehr nach dem Sinne und mit Vergleichung von Plutarchs Leben des Agesilaus Kap. 11. Es scheint etwas ausgefallen und ein Teil des Vorhandenen ist dadurch unverständlich geworden.

[10] Nach der wörtlichen Übersetzung. Die Stelle scheint indes verdorben oder lückenhaft. Übrigens findet sich dieselbe Anekdote auch in den Denksprüchen der Könige.

wandte er sich um mit den Worten: „Wie schwer ist es, zugleich mitleidig und vernünftig zu sein!"

(629)   18. Er lebte in Absicht auf seinen Körper nicht besser, als seine Soldaten, enthielt sich gänzlich des Übermaßes im Essen und Trinken; machte den Schlaf nicht zum Herrn, sondern zum Diener seiner Geschäfte; in Absicht auf Hitze und Kälte war er der Einzige, der stets in jede Jahreszeit sich fügen konnte; er hatte sein Zelt mitten unter den Soldaten, aber gar kein besseres Ruhebett.

19. Er war stets der Ansicht, der Anführer soll sich nicht durch Weichlichkeit und Schwelgerei, sondern durch Ausdauer und Tapferkeit von den gemeinen Leuten auszeichnen.

20. Als ihn jemand fragte, welche Vorteile die Gesetze des Lykurg Sparta gebracht hätten, so antwortete er: „Die Verachtung der Wollust!"

21. Zu einem andern, der über seine und der andern Lakedämonier geringe Kleidung und Kost sich wunderte, sagte er: „Für diese Lebensweise, O Fremdling, ernten wir die Freiheit ein!"

22. Als ihn ein anderer aufforderte, von dieser seiner Strenge [gegen sich] nachzulassen und ihn auf die Unsicherheit des Glücks hinwies, ob je wieder eine Gelegenheit dazu sich darbieten werde, so antwortete er: „Aber dadurch gewöhne ich mich so, dass ich bei keiner Veränderung nach einer Veränderung mich sehne!"

23. Auch in seinem Alter setzte er dieselbe Lebensweise fort. Als ihn nun jemand fragte, warum er bei so vorgerückten Jahren während eines strengen Winters ohne Unter-(630)kleid herumgehe, antwortete er: „Damit die Jüngeren es nachahmen, indem sie an den Älteren und an den Königen ein Beispiel haben!"

24. Die Thasier hatten ihm, als er mit seinem Heere durch ihr Land zog, Mehl, Gänse, Naschwerk, Honigkuchen und mancherlei andere Speisen und kostbare Getränke geschickt; er aber nahm bloß das Mehl und befahl den Überbringern, das Übrige wieder wegzutragen, da es für seine Leute zu nichts nütze sei. Als man jedoch in ihn drang es zu nehmen, so ließ er es unter die Heloten[11] verteilen und gab denen, welche nach der Ursache fragten, die Antwort: „Die, welche sich der Tapferkeit befleißigen, dürfen solche Leckerbissen nicht annehmen; denn das, was Sklaven anlockt, passt nicht für Freie!"

25. Ein andermal, als die Thasier wegen der großen Wohltaten, die sie von ihm erhalten zu haben glaubten, ihm die Ehre eines Tempels und göttlicher Verehrung zuerkannt und deshalb eine Gesandtschaft an ihn abgeschickt hatten, richtete er, als er den Brief, den ihm die Gesandten hin-

---

[11] So hießen die Sparta dienstbaren und unterworfenen Bewohner Lakoniens.

sichtlich dieser Ehrenbezeugungen überbracht, gelesen, an sie die Frage, ob ihr Vaterland Menschen zu Göttern machen könne; und als sie dies bejahten, versetzte er: „Wohlan, so macht euch selbst zuerst dazu, und wenn ihr dies getan, so will ich euch dann glauben, dass ihr auch mich zu einem Gotte machen könnt!"

26. Als die griechischen Völker in Asien beschlossen (631) hatten, in den ansehnlichsten Städten Statuen von ihm aufzustellen, so schrieb er ihnen: „Von mir soll durchaus kein Bildnis da sein, weder ein gemaltes, noch ein geformtes, noch irgendein künstlich ausgearbeitetes!"[12]

27. Als er in Asien ein Haus, dessen Decke mit viereckigen Balken gezimmert war, erblickte, fragte er den Besitzer desselben, ob bei ihnen das Holz viereckig wachse. „Nein", antwortete dieser, „sondern rund." „Nun wenn es", versetzte er, „viereckig wäre, ihr würdet es wohl rund machen?"

28. Man fragte ihn einst, wie weit die Grenzen Lakoniens sich erstreckten. Da schwang er den Speer und rief aus: „So weit, als dieser reicht!"

29. Ein anderer fragte ihn, warum Sparta ohne Mauern sei; da zeigte er auf die bewaffneten

---

[12] Diese Anekdote findet sich auch unter den Denksprüchen der Könige.

Bürger mit den Worten: „Dies sind Lakedämons Mauern!"

30. Einem andern, der dieselbe Frage an ihn richtete, gab er die Antwort: „Nicht mit Stein und Holz müssen die Städte befestigt sein, sondern mit der Tapferkeit ihrer Bewohner!"

31. Seinen Freunden aber gab er den Rat, sie sollten nicht an Geld, sondern an Tapferkeit und Tugend reich zu werden suchen.

32. Sooft er irgendein Geschäft schnell von den Soldaten ausgeführt wünschte, legte er selbst zuerst vor Aller Augen Hand an.

33. Er sah mehr darauf, dass er wie jeder Andere ar-(632)beite und sich selbst zu beherrschen wisse, als auf sein königliches Ansehen.

34. Als einer einen lahmen Lakonier ins Feld ziehen sah und [für ihn] ein Pferd suchte, rief er ihm zu: „Weißt du nicht, dass man zum Kriege keine Leute gebrauchen kann, die fliehen, sondern solche, welche Stand halten?"

35. Auf die Frage, wie er sich großen Ruhm erworben, antwortete er: „Durch die Verachtung des Todes!"

36. Auf die Frage eines andern, warum die Spartaner unter Flötenspiel in den Kampf zögen, erwiderte er: „Damit, wenn sie nach dem Takt einherschreiten, die Feigen und die Tapfern kenntlich sind!"

37. Als jemand den Perserkönig, der noch sehr jung war, glücklich pries, rief er aus: „Auch Priamus war in diesem Alter noch nicht unglücklich!"

38. Er hatte einen großen Teil von Asien sich unterworfen und beschloss dann, gegen den König [der Perser] selbst zu gehen, um dessen Ruhe und dessen Bestechungen der griechischen Volksredner ein Ende zu machen.

39. Als ihn die Ephoren aus Veranlassung des Kriegs, mit welchem Sparta in Griechenland durch das von dem Perserkönige geschickte Geld bedroht war, [aus Asien] abberufen, so sagte er, ein guter Anführer müsse sich durch die Gesetze führen lassen, und schiffte aus Asien weg, wo er bei den dortigen Griechen ein großes Verlangen nach sich zurückgelassen hatte.

(633)   40. Die persische Münze hatte zum Gepräge einen Bogenschützen. Deshalb sagte er bei seinem Aufbruch [aus Asien] mit dreißigtausend Bogenschützen hätte ihn der persische König aus Asien vertrieben; so viele goldne Dariken nämlich waren durch Timokrates nach Athen und Theben gebracht und unter die Redner verteilt worden, welche das Volk gegen die Spartaner aufgewiegelt.

41. An die Ephoren schrieb er folgenden Brief als Antwort: „Agesilaus entbietet seinen Gruß den Ephoren. Wir haben den größten Teil von Asien uns unterworfen, die Barbaren verjagt

und in Ionien viele Waffen verfertigen lassen. Da ihr mir aber befehlet, zur bestimmten Zeit zu erscheinen, so folge ich diesem Brief und komme fast noch früher. Denn ich führe mein Amt nicht für mich, sondern für die Stadt und für deren Verbündete, ein Anführer aber wird dann erst wahrhaftig mit Recht gebieten, wenn er sich von den Gesetzen und Ephoren, oder was sonst für Obrigkeiten in einer Stadt sind, gebieten lässt!"

42. Als er über den Hellespont gesetzt hatte, zog er durch Thrakien, ohne bei irgendeinem der barbarischen Völker [um die Erlaubnis des Durchzugs] zu bitten; er schickte indes zu einem jeden derselben und ließ fragen, ob er als Freund oder als Feind durch ihr Land ziehe. Da nahmen ihn die übrigen Völker freundlich auf und geleiteten ihn; (634) die sogenannten Troaden[13] aber, denen auch Xerxes, wie man erzählt, Geschenke gegeben hatte, verlangten von Agesilaus als Lohn für den Durchzug hundert Talente Silbers und eben so viele Weiber. Da rief Agesilaus, sie verspottend aus: „Warum sind sie doch nicht gleich gekommen, es in Empfang zu nehmen?!" Dann rückte er heran, griff sie an, als sie sich aufgestellt, schlug sie in die Flucht und zog, nachdem er eine große Niederlage unter ihnen angerichtet, durch ihr Land.

---

[13] Wahrscheinlich ist dieser Name verdorben

43. Zu dem Könige der Makedonier schickte er mit derselben Frage; als aber dieser antwortete, er wolle sich darüber beraten, rief er aus: „So mag er sich denn beraten, wir aber werden unsern Marsch fortsetzen!" Da ließ ihn der König, voll Verwunderung über seine Kühnheit und voll Furcht, als Freund durchziehen.

44. Er hatte das Land der Thessalier, die mit seinen Feinden im Bunde waren, verheert, nach Larissa aber den Xenokles und Skythes geschickt wegen eines Vertrags. Als nun diese ergriffen und in Verwahrung gehalten wurden, so waren die Übrigen in ihrem Unwillen darüber der Meinung, Agesilaus müsse Larissa berennen und dann belagern. Er aber erklärte, er würde nicht um den Verlust von einem (635) jener beiden ganz Thessalien nehmen wollen, und er erhielt sie dann durch Unterhandlungen zurück.

45. Als er erfahren, dass in dem Treffen bei Korinth zwar überhaupt wenige Spartaner, aber sehr viele von den Korinthern, Athenern und von ihren andern Verbündeten geblieben, zeigte er gar keine Freude oder Stolz über diesen Sieg, sondern mit einem tiefen Seufzer rief er aus: „Wehe Griechenland; es hat sich selbst um so viele Leute gebracht, als hinreichend wären, alle die Barbaren zu besiegen!"

46. Die Pharsalier, welche mit fünfhundert Reitern ihn angriffen und sein Heer beläs-

tigten, schlug er in die Flucht und richtete bei Narthakium ein Siegeszeichen auf. Auch freute er sich über diesen Sieg mehr als über alle anderen, weil er bloß mit der von ihm selbst errichteten Reiterei einen Sieg über die erfochten, welche sich auf ihre Reiterei am meisten einbildeten.[14]

47. Als ihm Diphridas den Befehl von Haus aus überbrachte, unverzüglich einen Einfall in Böotien zu machen, so leistete er, obgleich es seine Absicht war, erst später mit einem größeren Heere dies zu tun, dem Befehl seiner Obe-(636)ren Folge, ließ zwanzigtausend Mann von dem Heere, das bei Korinth lag, kommen und rückte damit in Böotien ein, wo er bei Koronea in einer Schlacht die Thebaner, Athener, Argiver, Korinthier, und die beiden Lokrer besiegte, obschon er durch viele Wunden übel zugerichtet wurde. Es war dies, wie Xenophon versichert, die größte Schlacht unter denen, die zu seiner Zeit vorgefallen.

48. Ungeachtet so großen Glücks und solcher Siege veränderte er bei seiner Rückkehr in die Heimat nichts von seiner gewohnten Lebensweise.

---

[14] Die thessalische Reiterei galt für die beste in Griechenland. Thessalien selbst war durch herrliche Triften und Pferdezucht ausgezeichnet.

49. Als er sah, dass einige seiner Mitbürger sich viel darauf einbildeten und stolz waren, dass sie Pferde hielten, so beredete er seine Schwester Kyniska sich in einen Wagen zu setzen und das olympische Kampfspiel mitzumachen; er wollte nämlich damit den Hellenen zeigen, dass solche Dinge kein Beweis von Tugend, sondern von Reichtum und Aufwand seien.

50. Dem Xenophon, dem Weisen, welchen er hoch schätzte und bei sich hatte, gab er den Rat, seine Kinder nach Lakedämon kommen und hier erziehen zu lassen, um die höchste aller Wissenschaften zu erlernen, nämlich Befehlen und Gehorchen.

51. Ein andermal, als er gefragt wurde, warum denn die Spartaner im Vergleiche mit den übrigen Völkern so (637) glücklich wären, antwortete er: „Weil sie mehr als die andern lernen zu befehlen und zu gehorchen!"

52. Nach dem Tode des Lysander fand er eine starke Partei vereinigt, die jener sogleich nach seiner Rückkehr aus Asien gegen ihn gebildet hatte; er dachte deshalb darauf öffentlich zu zeigen, was jener im Leben für ein Bürger gewesen, und wollte daher eine Rede, die er in einem Buche vorgefunden und gelesen, welche Kreon aus Halikarnassus geschrieben, Lysander aber angenommen, um sie vor dem Volke wegen gewisser Neuerungen und einer Veränderung in der Staats-

verfassung zu halten, öffentlich vorlegen. Als aber einer der Geronten[15], der die Rede gelesen und vor der Kraft derselben sich fürchtete, ihm riet, den Lysander nicht wieder aufzugraben, sondern lieber die Rede mit ihm zu begraben, so folgte er und blieb ruhig.

53. Die, welche im Stillen seine Gegner waren, griff er öffentlich nicht an; wenn er es aber erwirkt hatte, dass sie ihm folgten,[16] so zeigte er, wie manche von ihnen als Feldherrn oder Obrigkeiten in ihrem Amte sich Schlechtigkeiten und Erpressungen erlaubten. Indem er aber nachher, als sie deshalb vor Gericht gezogen waren, als ihr Beistand und Verteidiger auftrat, machte er dieselben sich zu Freunden und brachte sie auf seine Seite, sodass er keinen Gegner mehr hatte.

54. Es bat ihn jemand um einen Brief an seine Freunde (638) in Asien, um hier zu seinem Rechte zu kommen. „Meine Freunde" sprach er, „tun, was Recht ist, von selbst, auch wenn ich nicht an sie schreibe."

55. Es zeigte ihm jemand eine fest und sehr stark gebaute Stadtmauer und fragte ihn dann, ob er sie schön finde: „Wahrhaftig!" rief er aus, „Sie ist schön, aber nicht für Männer, sondern

---

[15] D. i. der Ältesten, deren 28 den spartanischen Staat bildeten.

[16] Nämlich als Unterbefehlshaber oder Anführer.

für Weiber, um in einer solchen Stadt zu wohnen!"

56. Ein Megarenser sprach bei ihm mit vieler Prahlerei von seiner Stadt. „Mein Jüngling!", versetzte er, „Deine Reden bedürfen einer großen Macht!"[17]

57. Was er die andern bewundern sah, schien er nicht einmal zu bemerken. So trat einst Kallipides, ein tragischer Schauspieler, der in Griechenland Namen und Ruhm hatte, und von jedermann geehrt wurde, zuerst ihm entgegen, um ihn zu begrüßen, drängte sich dann voreilig unter die Begleitung, und wollte sich zeigen, weil er glaubte, Agesilaus werde ihn zuerst auf irgendeine Weise begrüßen; zuletzt aber sprach er: „Kennst du mich nicht, o König, hast du nicht gehört, wer ich bin?" Da sah ihn Agesilaus an und sprach: „Bist du nicht Kallipides, der Deikelikte [Komödiant]?" So nennen nämlich die Lakedämonier die Mimen.[18]

(639) 58. Man forderte ihn auf, einen Menschen anzuhören, welcher die Stimme der Nachtigall

---

[17] Insofern nämlich Megara ein kleiner, unbedeutender Staat war.

[18] Mimen hießen bei den Römern die gemeinste und niedrigste Klasse von Schauspielern, besonders zur Zeit der Kaiser, wo ihr Spiel meist bloß Gebärdenspiel (Pantomime) war, begleitet mit Musik und Tanz.

nachahme; er aber lehnte es ab mit den Worten: „Ich habe sie selbst oftmals gehört!"

59. Der Arzt Menekrates hatte wegen seines Glücks bei einigen verzweifelten Kuren den Beinamen Zeus erhalten, bediente sich aber desselben auf eine so stolze Weise, dass er sogar an den Agesilaus auf folgende Weise zu schreiben wagte: „Menekrates Zeus seinen Gruß an den König Agesilaus!" Dieser aber, ohne das übrige zu lesen, schrieb ihm zurück: „Der König Agesilaus wünscht dem Menekrates gesunden Menschenverstand!"

60. Als Konon und Pharnabazus, welche durch die persische Flotte Herrn des Meers waren, Lakoniens Küsten blockierten, die Stadt der Athener aber mit dem Gelde, wel-(640)ches Pharnabazus gegeben, wieder befestigt worden, so schlossen die Lakedämonier mit dem Könige [der Perser] Frieden, schickten den Antalkidas, einen ihrer Bürger zu Teribazus, und überließen die asiatischen Griechen, für welche Agesilaus den Krieg führte, dem Könige. Daher kam es, dass Agesilaus von der Schande [welche die übrigen Teilnehmer dieses Friedens traf] frei blieb; denn Antalkidas ward sein Feind, und wirkte aus allen Kräften für den Frieden, weil er dachte, der Krieg würde des Agesilaus Ansehen vermehren und ihm den höchsten Ruhm bringen.

(640)   61. Auch dem, welcher behauptete, die Lakedämonier wären persisch gesinnt, erwiderte er: „Vielmehr sind die Perser lakedämonisch gesinnt!"

62. Als man ihn einst fragte, welche Tugend besser sei, Tapferkeit oder Gerechtigkeit, so gab er die Antwort: Tapferkeit nütze nichts, wenn nicht Gerechtigkeit dabei sei; wenn aber alle gerecht wären, würde man nicht mehr der Gerechtigkeit bedürfen.

63. Die Bewohner Asiens pflegten den Perserkönig den Großen zu nennen. „Warum aber", sprach er, „ist jener größer als ich, wenn er nicht gerechter und tugendhafter ist?"[19]

64. Er pflegte von den Bewohnern Asiens zu sagen, sie seien schlechte Freie, aber gute Sklaven.

65. Auf die Frage, wie man am besten unter den Menschen berühmt werden könne, antwortete er: „Wenn man das Beste sagt, und das Schönste tut!"

66. Er pflegte zu sagen, der Feldherr müsse gegen seine Feinde Kühnheit, gegen seine Untergebenen aber Wohlwollen zeigen.

---

[19] Diese und die folgende Anekdote sind ebenso unter den Denksprüchen der Könige und Feldherrn angeführt.

67. Als ihn jemand fragte, was die Kinder lernen müssten, sprach er: „Das, was sie dereinst als Männer werden brauchen können!"

68. Als er einen Prozess zu entscheiden hatte, in welchem der Ankläger gut gesprochen, der andere aber sich schlecht verteidigt, indem er bei jeder Gelegenheit sagte: (641) „Agesilaus, der König, muss den Gesetzen helfen!" so rief er aus: „Und wenn jemand dein Haus eingerissen, und dein Kleid dir genommen, würdest du wohl gewartet haben, bis der Zimmermann, oder der, welcher das Kleid gewoben, dir hilft?!"

69. Nach Abschluss des Friedens überbrachte ihm ein Perser in Begleitung des Lakedämoniers Kallias einen Brief vom Könige der Perser, worin dieser um seine Freundschaft bat. Er aber nahm den Brief nicht an, sondern ließ dem Könige zurücksagen: Es sei unnötig, dass er an ihn besonders mit Briefen sich wende; wenn er sich als einen Freund von Lakedämon und von Griechenland zeige, so werde auch er mit allem Eifer sein Freund sein; lässt er sich aber, setzte er hinzu, auf Umtrieben ertappen, dann kann er sicher sein, dass ich nie sein Freund werde, auch wenn ich noch so viele Briefe von ihm erhalte!

70. Er war ein außerordentlicher Kinderfreund, und soll zu Hause mit seinen kleinen Kindern zum Scherz auf einem Steckenpferd herumgeritten sein. Als ihn aber einer seiner Freunde

erblickte, bat er ihn, dies niemand zu sagen, bis auch er Vater von Kindern geworden sei.

71. Da er anhaltend mit den Thebanern Krieg führte und in einer Schlacht verwundet worden war, soll Antalkidas gesagt haben: „Du erhältst ein schönes Lehrgeld von den Thebanern, die du, da sie es weder wollten, noch verstanden, Krieg führen gelehrt hast!" Die Thebaner nämlich sollen damals durch die vielen Feldzüge der Lakedämonier gegen sie kriegerischer als je geworden sein. Deshalb hatte auch der (642) alte Lykurg in den sogenannter Rhetren[20] untersagt, oftmals gegen dieselben Feinde ins Feld zu ziehen, damit diese nicht den Krieg führen lernten.

72. Als er hörte, dass die Bundesgenossen unwillig seien wegen der anhaltenden Feldzüge, auf welchen sie in starker Anzahl einer geringen Zahl von Lakedämoniern folgen müssten, so ließ er, um die Menge derselben[21] zu beweisen, alle Bundesgenossen gemischt unter einander sich niederlassen, die Lakedämonier aber besonders für sich; dann hieß er durch einen Herold zuerst die Töpfer aufrufen, und als diese sich erhoben, nach ihnen die Schmiede, dann der Reihe nach die Zimmerleute und Maurer und so jedes von den andern Handwerken. Da waren nun fast alle Bun-

---

[20] Das sind Sprüche, Gebote und Gesetze.

[21] Nämlich der Lakedämonier.

desgenossen aufgestanden, von den Lakedämoniern aber keiner; denn es war ihnen verboten, ein Handwerk zu treiben oder zu lernen. Nun erst lächelte Agesilaus und sprach: „Seht ihr, ihr Männer, wie viel Soldaten mehr wir ausschicken als ihr?"

73. Als in der Schlacht bei Leuktra[22] viele Lakedämonier geflohen und dadurch in die gesetzliche Strafe der Ehrlosigkeit verfallen waren, so wollten die Ephoren, weil sie sahen, dass die Stadt dadurch von Mannschaft, deren sie doch bedürfe, entblößt wurde, die Ehrlosigkeit aufheben, ohne doch die Gesetze zu verletzen. Sie wählten deshalb den Agesilaus zum Gesetzgeber. Er aber trat öffentlich auf und erklärte: „Ich möchte keineswegs neue Gesetze geben; denn (643) ich möchte weder den Vorhandenen etwas hinzufügen, noch von ihnen etwas wegnehmen, oder an ihnen ändern: Es ist aber gut, dass die Gesetze, die wir haben, *von morgen an* gültig sind!"

74. Obschon Epaminondas mit erstaunlicher Heftigkeit und Schnelligkeit heranrückte und die Thebaner und deren Verbündete auf ihren Sieg stolz waren, hielt er ihn dennoch von der Stadt [Sparta], in welcher nur wenige waren, ab und nötigte ihn zum Rückzug.

---

[22] Auch diese Anekdote findet sich in den Denksprüchen der Könige und Feldherrn.

75. In der Schlacht bei Mantinea gab er den Lakedämoniern den Rat, mit Hintansetzung aller andern mit dem Epaminondas [allein] zu streiten; denn die Verständigen, sagte er, seien allein tapfer und allein Ursache eines Siegs; wenn sie nun jenen getötet, würden sie leicht die übrigen überwinden; denn diese seien unverständig und nichts wert. Und so ging es auch. Denn als der Sieg schon bei Epaminondas war und die Lakedämonier flohen, so ward jener von einem der Letzteren, während er sich umwandte und seine Leute aufforderte[23], tödlich verwundet, und als er gefallen war, kehrten die Soldaten des Agesilaus von der Flucht zurück und machten den Sieg zweifelhaft, da die Thebaner bei weitem schlechter, die Lakedämonier aber bei weitem besser stritten.

(644)   76. Da Sparta zur Führung des Kriegs und zum Unterhalte seiner Söldner des Geldes bedurfte, zog Agesilaus nach Ägypten, in Folge einer Einladung des ägyptischen Königs[24], bei welchem er um Sold dienen sollte. Hier kam er

---

[23] Nämlich zum Fortsetzen des Kampfs und zum Nachsetzen der fliehenden Lakedämonier.

[24] Tachus hieß dieser König, der von den Persern abgefallenen Ägypter, welche Artaxerxes vergeblich sich wieder zu unterwerfen suchte. Agesilaus, welchen Tachus vernachlässigte, schlug sich nachher auf die Seite seines Nebenbuhlers, den Nektanebus, und setzte diesen auf den ägyptischen Thron, um 361 v. Chr.

aber wegen seiner einfachen Kleidung bei den Eingebornen in Verachtung. Denn bei ihren irrigen Begriffen von einem König erwarteten sie den König von Sparta zu sehen, glänzend geschmückt, gleich wie der Perserkönig. Er zeigte ihnen indessen, dass Majestät und Ansehen durch Einsicht und Tapferkeit erworben werden müsse.

77. Als er bemerkte, dass seine Leute, im Begriffe sich mit den Feinden zu messen, vor der nahenden Gefahr, wegen der Menge der Feinde, denn es waren ihrer zweimal hunderttausend, und wegen der eigenen geringen Zahl sich fürchteten, so beschloss er vor der Schlacht, ohne dass die andern davon wussten, ihnen Mut einzuflößen. Er schrieb deshalb das Wort Nike [Sieg] auf seine eine Hand umgekehrt[25], nahm dann von einem Wahrsager die Leber [eines geschlachteten Opfertiers] und legte sie auf die beschriebene Hand, wo er sie hinreichende Zeit unter verstellter (645) Ungewissheit und Verlegenheit festhielt, bis dass die Züge der Buchstaben von der Leber aufgenommen waren und sich abgedrückt hatten. Und nun zeigte er dies seinen Mitstreitern mit der Versicherung, die Götter hätten ihnen durch diese Schrift den Sieg verheißen. So glaubten sie nun ein sicheres Zeichen des Siegs zu haben und zogen mutig zur Schlacht.

---

[25] Damit es sich nämlich in die Leber gerade abdrücke.

78. Als die durch ihre Menge überlegeneren Feinde einen Graben um sein Lager zogen, und Nektanebus, dem er Beistand leistete, zu einem Treffen ausrücken wollte, so erklärte er, er wolle die Feinde nicht hindern, wenn sie seinem Heere gleich werden wollten; als aber nur noch ein wenig zur Vollendung des Grabens fehlte, stellte er auf diesem noch übrigen Zwischenraume sein Heer auf, und indem so eine gleiche Anzahl nur mit einer gleichen streiten konnte, schlug er die Feinde mit seinen wenigen Soldaten in die Flucht, richtete eine große Niederlage unter ihnen an, und schickte der Stadt [Sparta] viele Beute.

80. Bei der Rückkehr aus Ägypten, als er am Sterben war, trug er denen, die um ihn waren, auf, kein Gemälde noch ein anderes Bild von ihm machen zu lassen. „Denn" sprach er, „wenn ich eine rühmliche Tat verrichtet habe, so wird sie mein Denkmal sein, wo aber nicht, so werden es auch alle Bildsäulen nicht, da sie die Werke gemeiner Handwerker sind!"[26]

(646) *Agesipolis, der Sohn des Kleombrotus.*

1. Agesipolis, des Kleombrotus Sohn, als jemand erzählte, dass Philipp in wenigen Tagen Olynth zerstört habe, rief aus: „Bei den Göttern,

---

[26] Diese und die vorhergehende Anekdote findet sich ebenfalls schon in den Denksprüchen der Könige und Feldherrn.

eine zweite Stadt der Art wird er in viel längerer Zeit nicht aufbauen!"

2. Ein anderer tadelte es an ihm, dass er als König mit andern jungen Leuten Geißel gewesen, und nicht [wie sonst wohl] deren Kinder oder Weiber. „Mit Recht!" versetzte er „Denn es ist gut, dass wir selbst unsere Sünden tragen!"

3. Er wollte einst von Hause junge Hunde kommen lassen; als ihm nun jemand bemerkte, dass von dorther keine Ausfuhr von dergleichen stattfinde, versetzte er: „Sonst fand auch keine von Männern statt, aber jetzt ist es der Fall!"

Agesipolis, der Sohn des Pausanias.

Agesipolis, der Sohn des Pansanias, gab den Athenern, die sich in einer Streitigkeit, die sie miteinander hatten, auf die Stadt der Megarer beriefen, die Antwort: „Es wäre schimpflich, ihr Athener, wenn die, welche an der Spitze der Hellenen stehen, weniger das Recht kennen sollten, als die Megarer!"

Agis, des Archidamus Sohn.

1. Die Ephoren hatten dem Agis, dem Sohne des Archidamus einst folgenden Auftrag gegeben: „Brich mit der jungen Mannschaft auf gegen das Land dieses [eines gewissen] Mannes; der wird dir selbst den Weg zu der Burg zeigen!" — „Wie kann denn das, ihr Ephoren, rühmlich sein", versetzte er, „so viele Jünglinge dem anzuvertrauen, der sein Vaterland verraten?!"

2. Auf die Frage, welche Wissenschaft am meisten in Sparta getrieben werde, antwortete er: „Die Kunst, zu befehlen und zu gehorchen!"

3. Er versicherte, die Lakedämonier fragten nicht, *wie stark* die Feinde seien, sondern *wo* sie seien.

4. Als man zu Mantinea ihn abhalten wollte, mit dem an Zahl überlegenen Feind in einen Kampf sich einzulassen, sagte er: „Wer über Viele gebieten will, muss auch mit Vielen den Kampf wagen!"

5. Auf die Frage, wie stark die Lakedämonier seien, gab er die Antwort: „So viele, als erforderlich sind, um die Schlechten zurückzuhalten!"

(652) 6. Als er durch die Mauern von Korinth zog und deren Höhe, Festigkeit und gewaltige Ausdehnung betrachtete, rief er aus: „Was für Weiber bewohnen diesen Ort?!"

7. Einem Sophisten, welcher behauptete, unter allem sei die Rede das Vorzüglichste; versetzte er: „Du bist also, wenn du schweigst, nichts wert!"

8. Als die Argiver nach einer Niederlage auf's neue mit noch mehr Kühnheit gegen ihn anrückten und er die Meisten seiner Verbündeten darüber erschrecken sah, sprach er zu ihnen: „Fasst Mut, ihr Männer; denn wenn wir, die Sieger, uns fürchten; was denkt ihr, tun die, welche von uns besiegt worden sind?!"

9. Zu dem Abgeordneten von Abdera, welcher mit seiner langen Rede an's Ende gekommen war und ihn dann fragte, welche Antwort er seinen Mitbürgern bringen solle, sprach er: „[Keine andere, als] dass ich so lange, als du reden wolltest, stille zuhörte!"

10. Als man die Eleer wegen der Gerechtigkeit, die sie bei den olympischen Spielen bewiesen, lobte, rief er aus: „Was tun sie denn Großes oder Bewundernswertes, wenn sie in fünf Jahren nur an *einem* Tage Gerechtigkeit üben!"

11. Zu denen, die ihm sagten, dass einige von der andern Familie²⁷ ihn beneideten, sprach er: „So wird also ihr eigenes Leiden und außerdem noch mein und meiner Freunde Glück sie schmerzen!"

(653) 12. Als jemand ihm den Rat gab, er solle den flüchtigen Feinden einen Ausgang lassen, sprach er: „Wie werden wir denn, wenn wir mit denen nicht kämpfen, die aus Feigheit fliehen, mit denen streiten, die vermöge ihrer Tapferkeit Stand halten?!"

13. Als ein anderer in Beziehung auf die Freiheit der Griechen einen zwar nicht schlechten aber schwer auszuführenden Vorschlag machte, rief er aus: „Deinen Reden, mein Freund, fehlt nur Macht und Geld!"

14. Ein anderer bemerkte, dass Philipp ihnen [den Spartanern] Griechenland unzugänglich machen werde. „Wir sind zufrieden, mein Freund", war die Antwort, „im *eigenen* Lande uns aufzuhalten!"

15. Ein Gesandter war von Perinthus nach Lakedämon gekommen und hielt eine lange Rede; als er aber aufgehört zu reden und den Agis

---

²⁷ Man denke an die zu Sparta bestehende Einrichtung, nach der immer zugleich zwei Könige aus zwei verschiedenen Familien, aus der der Eurystheniden und der der Prokliden, regierten. Agis gehörte zu der letztern.

fragte, was er den Perinthiern für eine Antwort bringen solle, versetzte dieser: „Nichts weiter, als dass du endlich aufgehört hast zu reden, ich aber [dazu] schwieg!"

16. Er war als Gesandter allein zu Philipp gekommen. Als dieser deswegen zu ihm sprach: „Was soll das?! Bist du allein gekommen?", antwortete er: „Ja, denn [ich komme ja auch nur] zu einem [Einzigen]!"

17. Als einer der Älteren bei ihm, der [ebenfalls schon] bejahrt war, sich beschwerte, dass in Sparta das Unterste zu oberst gekehrt werde, (denn er sah die alten Ge-(654)setze in Verfall und an ihre Stelle andere schlechte sich einschleichen), so sprach er im Scherze: „Wenn dies geschieht, so geht es auf natürliche Weise zu; denn auch ich hörte in der Kindheit von meinem Vater, dass bei ihnen das Unterste zu oberst gekehrt werde, und dieser versicherte mir, dass auch sein Vater ihm in der Kindheit dieses gesagt; daher darf man sich nicht wundern, wenn es sofort immer schlechter geht, sondern vielmehr, wenn es irgendwo besser oder so gut wie vorher ginge!"

18. Auf die Frage, wie man ein Freier bleiben könne, antwortete er: „Durch Verachtung des Todes!"

Agis, der Jüngere.[28]

1. Als Demades behauptete, die lakedämonischen Schwerter seien so klein, dass die Gaukler sie verschluckten, rief Agis, der Jüngere aus: „Und doch erreichen die Lakedämonier mit diesen Schwertern ihre Feinde!"

2. Zu einem schlechten Menschen, der ihn oftmals fragte, wer der beste Spartaner sei, sprach er: „Der, welcher *dir* am unähnlichsten ist!"

Agis, der Letzte.[29]

Agis, der letzte der lakedämonischen Könige, war in einem Hinterhalte gefangen genommen und ohne Prozess von (655) den Ephoren zum Tode verurteilt worden. Als er nun zur Erdrosselung[30] abgeführt wurde und einen seiner Diener weinen sah, rief er ihm zu: „Höre auf, meinetwegen zu weinen; denn da ich so gegen alle Gesetze und wider das Recht umkomme, bin ich besser daran als die, welche mich umbringen!" Und nach diesen Worten übergab er freiwillig seinen Hals dem Strick.

---

[28] Der Zweite dieses Namens.

[29] Derselbe, dessen Leben Plutarch geschildert, wo am Schlusse auch die hier erzählte Anekdote sich findet. Es fällt der Tod des Agis in das Jahr 241 v. Chr.

[30] Wörtlich: zum Strick

Akrotatus.[31]

Als die Eltern des Akrotatus seinen Beistand in einer ungerechten Sache verlangten, so widersprach er eine Zeit lang; als sie aber in ihn drangen, sprach er: „So lange ich bei euch war, hatte ich gar keinen Begriff von Gerechtigkeit; da ihr mich aber dem Vaterlande und den Gesetzen desselben übergeben, und mich auch, so weit es euch möglich war, zur Gerechtigkeit und Rechtschaffenheit erzogen habt, so will ich mich bemühen, diesen[32] eher als euch zu folgen; und da ihr wollt, dass ich auf's Beste handeln, das Beste aber das Gerechte für den Privatmann und noch weit mehr für den Regenten ist, so werde ich tun, was euer Wille ist; was ihr aber [jetzt] sprecht, von mir abweisen!"

---

[31] Anderwärts wird ein König der Spartaner dieses Namens aufgeführt. Dasselbe erzählt übrigens Plutarch von Agesilaus

[32] D. h. den Gesetzen, der Gerechtigkeit und Rechtschaffenheit.

(656) *Alkamenes, der Sohn des Telekrus.*[33]

1. Auf die Frage, wie man am besten ein Reich erhalten könne, gab Alkamenes, des Telekrus Sohn, die Antwort: „Wenn man den Gewinn nicht höher achtet!"

2. Ein anderer stellte an ihn die Frage, warum er von den Messeniern keine Geschenke angenommen. „Hätte ich sie angenommen", versetzte er, „so könnte ich unmöglich mit den Gesetzen in Frieden leben!"

3. Als man ihm vorstellte, dass er bei dem Besitz eines bedeutenden Vermögens doch so eingezogen lebe, versetzte er: „Ist es denn nicht rühmlich für einen Reichen, der Vernunft gemäß und nicht nach seinen Begierden zu leben?"

Anaxandridas.

1. Anaxandridas, der Sohn des Leon, sagte zu einem, den seine Verweisung aus der Stadt sehr schmerzte: „Bester Freund, du hast nicht die Verbannung aus der Stadt zu fürchten, sondern die Gerechtigkeit!"

2. Zu einem andern, welcher den Ephoren zwar das Nötige sagte, aber mit mehr Worten

---

[33] Andere, namentlich Xylander, setzen hier Teleklus.

als nötig war, sprach er: „Mein Freund, du tust, *was* du sollst, aber nicht *wie* du sollst!"

3. Als man ihn fragte, warum die Spartaner den Heloten ihre Felder überlassen und sie nicht selbst besorgen, so (657) antwortete er: „Weil wir sie erworben haben, nicht um für sie zu sorgen, sondern für uns selbst!"[34]

4. Als ein anderer behauptete, Ruhm bringe Nachteil, und wer davon frei sei, werde glücklich sein, so sprach er: „Nach deiner Rede würden also die, welche Unrecht begehen, glücklich sein; denn wie sollte ein Tempelräuber oder Übeltäter nach Ruhm streben?"

5. Ein anderer fragte: „Warum gehen die Spartaner in den Kriegen mutig in die Gefahr?" „Weil wir uns üben", antwortete er, „besorgt zu sein um unser Leben, nicht aber – wie die Übrigen – furchtsam zu sein!"

6. Ein anderer stellte die Frage an ihn, warum der Rat der Alten über Todverbrechen mehrere Tage beratschlage, und einer, welcher freigesprochen sei, doch noch haften müsse. „Man berät sich", antwortete er, „mehrere Tage, weil ein Irrtum in Absicht auf den Tod nicht wieder gut zu

---

[34] Die Heloten waren ursprünglich die Bewohner der Stadt Helos, welche nach der Eroberung dieser Stadt durch die Spartaner zu Staatssklaven derselben gemacht wurden und ihre Felder bebauen mussten.

machen ist; den Gesetzen aber wird man darum haften müssen, weil nach eben diesem Gesetz es auch erlaubt ist, ein besseres Urteil zu sprechen!"

Anaxander, der Sohn des Eurykrates.

Anaxander, des Eurykrates Sohn, antwortete auf die Frage, warum man [zu Sparta] kein Geld in die Staats-(658)kasse sammle: „Damit die Wächter derselben nicht zu Schlechtigkeiten verleitet werden!"

Anaxilas.

Anaxilas sagte zu einem, der sich wunderte, warum die Ephoren vor den Königen nicht aufständen, da sie doch von den Königen eingesetzt wären: „Aus eben dem Grunde [geschieht dies], weil sie Ephoren [Aufseher] sind!"

Androklidas.

Der Lakonier Androklidas, obgleich am Fuße lahm, stellte sich doch unter die Krieger; und als ihn einige davon abhalten wollten, weil er verstümmelt wäre, sprach er: „Man soll doch nicht *fliehend*, sondern *stehend* mit den Feinden kämpfen!"

Antalkidas.

1. Als Antalkidas bei der Einweihung in die samothrakischen Mysterien von dem Priester gefragt wurde, was er Arges in seinem Leben getan, gab er die Antwort: „Wenn ich so etwas getan habe, werden es die Götter schon selbst wissen!"

2. Ein Athener schalt die Lakedämonier Leute, die nichts gelernt hätten: „Wir allein freilich", versetzte er, „haben nichts Schlechtes von euch gelernt!"

3. Ein anderer Athener sprach zu ihm: „Wir haben euch doch oftmals vom Kephissus aus verfolgt!" „Wir hingegen", antwortete er, „euch nie vom Eurotas aus!"[35]

(659)   4. Ein anderer stellte an ihn die Frage, wie man am meisten den Menschen gefallen könne. „Wenn man", gab er zur Antwort, „mit ihnen so spricht, wie es ihnen am angenehmsten, und sie so behandelt, wie es ihnen am nützlichsten ist!"

5. Als ein Sophist eine Lobrede auf Herkules vorlesen wollte, rief er aus: „Wer tadelt ihn denn?!"

6. Zu dem Agesilaus, der in einer Schlacht von den Thebanern verwundet worden, sprach er: „Du erhältst den Lohn dafür, dass du sie, ohne

---

[35] Der Kephissus floss bei Athen vorbei; am Eurotasflusse lag Sparta.

dass sie es wollten oder verstanden, gelehrt hast den Krieg zu führen!" Denn man glaubte, dass sie durch die anhaltenden Feldzüge des Agesilaus gegen sie kriegerisch geworden seien.

7. Er pflegte zu sagen: „Spartas Mauern seien die Jünglinge, und seine Grenzen die Spitzen der Speere!"

8. Auf die Frage, warum die Lakedämonier im Kriege kurze Schwerter führten, gab er die Antwort: „Weil wir in der Nähe mit den Feinden kämpfen!"

Antiochus.

Antiochus, einer von den Ephoren, wie er hörte, dass Philipp den Messeniern ihr Land geschenkt, fragte, ob ihnen denn [Philipp] auch Macht verliehen, ihr Land im Kriege zu behaupten.

Arigeus.

1. Es lobten mehrere Männer nicht ihre eigenen, sondern fremde Weiber. „Bei den Göttern!", rief Arigeus aus: „Von rechtschaffenen Weibern soll man nicht so frei reden und überhaupt soll niemand wissen, wie sie sind, als ihre Männer!"

(660) 2. Als er einst durch Selinus in Sizilien reiste, und auf einem Denkmale die Inschrift ein-gegraben sah,

Die einst löschten tyrannische Macht, sie tötete Ares,

An Selinus Tor sanken sie sterbend dahin.[36]

So rief er aus: „Mit Recht seid ihr umgekommen, als ihr die brennende Tyrannei auslöschen wolltet; ihr hättet sie vielmehr ganz ausbrennen lassen sol-len!"

Aristo.

Als jemand eine Äußerung des Kleo-menes lobte, der auf die Frage, was ein guter Kö-nig tun müsse, geantwortet: Seinen Freunden Gu-tes tun und seinen Feinden Böses; so versetzte Aristo: „Wie viel besser ist es nicht, mein Freund, den Freunden wohl zu tun, die Feinde aber sich zu Freunden zu machen!" (Dieser Ausspruch, der einstimmig vor allen dem Sokrates zugeschrieben wird, wird auch ihm [dem Aristo] in den Mund gelegt.[37]

---

[36] Dieselbe Anekdote erzählt Plutarch im Leben des Lykurg Kap. 20 am Schluss

[37] Nach dem mutmaßlichen Sinne der dunkeln und wahr-scheinlich korrumpierten Stelle.

2. Auf die Frage, wie zahlreich die Spartaner seien, erwiderte er: „So Viele, als hinreichend sind, um die Feinde abzuhalten!"

3. Ein Athener las eine Lobrede auf seine im Kampfe mit den Lakedämoniern gefallenen Mitbürger vor. „Was denkst du wohl", rief er ihm zu, „von unsern Leuten, die über jene den Sieg errungen haben?!"

(661) *Archidamidas.*

1. Man lobte den Charilos, weil er gegen alle gleiche Milde bewies. „Wie kann man", versetzte Archidamidas, „jemanden mit Recht loben, wenn er auch gegen die Schlechten mild ist?!"

2. Als jemand sich über den Sophisten Hekatäus beschwerte, dass er bei dem Syssition[38], zu welchem er ihn mitgebracht, nichts geredet, gab er ihm die Antwort: „Du weißt wohl nicht, dass der, welcher zu reden weiß, auch weiß, wann es die rechte Zeit ist zu reden?"

Archidamus, der Sohn des Zeuxidamus.

1. Als man den Archidamus, den Sohn des Zeuxidamus, fragte, wer in Sparta regiere, gab

---

[38] Name der gemeinschaftlichen Mahlzeiten der Spartaner.

er die Antwort: „Die Gesetze und die Obrigkeiten gemäß den Gesetzen!"

2. Zu dem, der einen Zitherspieler lobte und dessen Geschicklichkeit bewunderte, sprach er: „Mein Bester, welche Ehre willst du denn guten Männern erweisen, wenn du einen Zitherspieler so lobst?!"

3. Als ihm jemand einen Harfenspieler mit den Worten empfahl: „Dieser ist ein guter Harfenspieler!", so versetzte er: „Aber dieser da gilt bei uns für einen guten Suppenkoch!" Er wollte damit zu verstehen geben, dass in dem Vergnügen, welches durch den Ton der Instrumente und in dem, welches durch die Bereitung von Zugemüse und Suppe bewirkt wird, kein Unterschied sei.

(662) 4. Als ihm jemand anbot, den Wein süß zu geben, erwiderte er: „Wozu dies? Denn es wird nur mehr Aufwand kosten, und unsere Mahlzeit weniger nützlich machen!"

5. Als er bei Korinth sein Lager aufschlug, sah er aus einem Orte bei der Mauer mehrere Hasen hervorspringen. „Unsere Feinde", rief er seinen Soldaten zu, „sind leicht zu überwinden!"

6. Als ihn einmal zwei Leute zum Schiedsrichter genommen, führte er sie in den Tempel der Chalkiökus und ließ sie einen Eid schwören, dass sie bei seinem Urteilsspruch es bewenden lassen wollten. Nach abgelegtem Eidschwur aber sprach

er: „So gebe ich nun das Urteil, dass ihr nicht eher aus dem Tempel geht, als bis ihr euch mit einander ausgesöhnt habt!"

7. Als Dionysius, der Tyrann von Sizilien, seinen [des Archidamus] Töchtern eine kostbare Kleidung schickte, nahm er sie nicht an, mit den Worten: „Ich fürchte, meine Töchter möchten, wenn sie dieselbe anziehen, hässlich erscheinen!"

8. Als er seinen Sohn zu hitzig mit den Athenern kämpfen sah, rief er aus: „Entweder setze zu deiner Kraft etwas hinzu oder lass von deiner Hitze etwas nach!"

Archidamus, der Sohn des Agesilaus.

1. Als Philipp nach der Schlacht bei Chäronea dem Archidamus, dem Sohne des Agesilaus einen etwas groben (663) Brief geschrieben, schrieb ihm dieser zurück: „Wenn du deinen eigenen Schatten messen willst, so wirst du finden, dass er nicht größer geworden als er vor dem Siege war!"

2. Auf die Frage, über wie viel Land die Spartaner herrschten, gab er die Antwort: „So viel sie nur immer mit dem Speer erreichen!"

3. Dem Arzte Periander, der wegen seiner Kunst berühmt war und sehr belobt wurde, aber schlechte Gedichte machte, rief er zu: „Warum

denn, mein Periander, willst du lieber ein schlechter Dichter, als ein geschickter Arzt heißen?!"

4. Als in dem Kriege mit Philipp mehrere ihm den Rat gaben, ferne von dem eigenen Lande die Schlacht zu liefern, antwortete er: „Nicht darauf muss man sehen, sondern, ob wir im Kampfe unsere Feinde überwinden werden!"

5. Zu denen, welche ihn wegen des Siegs über die Arkadier belobten, versetzte er: „Es wäre besser, wir hätten sie mehr durch Klugheit als durch Gewalt besiegt!"

6. Als er bei einem Einfall in Arkadien erfuhr, dass die Eleer diesen zu Hilfe eilten, schrieb er ihnen: „Archidamus an die Eleer: Gut ist die Ruhe!"

7. Als die Verbündeten in dem peloponnesischen Kriege ihn fragten, wie viel Geld er brauche, und ihn baten, ihre Beiträge zu bestimmen, versetzte er: „Der Krieg verspricht nicht ein bestimmtes Maß!"

8. Als er ein Katapultgeschoss erblickte, welches damals zum ersten Mal aus Sizilien gebracht worden war, rief (664) er aus: „O Herkules, jetzt ist es aus mit der Tapferkeit eines Mannes!"

9. Da die Hellenen ihm nicht folgen und die mit den Makedoniern Antigonus und Kraterus abgeschlossenen Verträge brechen und frei sein wollten, weil sie die Herrschaft der Lakedämonier

für härter hielten als die der Makedonier, so sprach er: „Ein Schaf redet stets dieselbe Stimme; der Mensch aber vielerlei und mancherlei [Stimmen], bis er seine Absicht erreicht hat!"

Astykratidas.

Nach der Niederlage des Königs Agis in der Schlacht mit Antigonus[39] bei Megalopolis fragte jemand den Astykratidas: „Ihr Lakedämonier, was wollt ihr anfangen? Wollt ihr euch den Makedoniern unterwerfen?" „Wie?", versetzte dieser, „Wird uns Antigonus hindern können, im Kampfe für Sparta zu sterben?!"

Bias.

Bias war in einen Hinterhalt des athenischen Feldherrn Iphikrates geraten. Auf die Frage seiner Soldaten, was sie tun sollten, gab er die Antwort: „Nichts weiter, als dass ihr euch rettet, ich aber im Kampfe umkomme!"

Brasidas.

1. Brasidas hatte unter den Feigen eine Maus gefangen; als sie ihn aber biss, ließ er sie los

---

[39] So steht es in allen Handschriften. Es muss aber heißen: Antipater.

und wandte sich dann (655) zu denen, welche zugegen waren, mit den Worten: „Nichts ist so klein, das sich nicht erhalten kann, wenn es nur den Mut hat, sich gegen die zu wehren, welche es angreifen!"

2. Als er in einem Treffen durch den Schild hindurch verwundet worden war, zog er den Speer aus der Wunde und tötete mit demselben seinen Feind. Auf die Frage aber, wie er verwundet worden, gab er die Antwort: „Weil mich der Schild verriet!"

3. Bei seinem Ausmarsch in den Krieg schrieb er den Ephoren: „Ich werde in dem Krieg alles, was ich will, ausführen, oder ich werde sterben!"

4. Als er im Kampfe für die Freiheit der Griechen in Thrakien gefallen war, und die nach Lakedämon geschickten Gesandten zu seiner Mutter Argileonis kamen, fragte sie zuerst, ob Brasidas rühmlich gestorben sei; als darauf die Thrakier ihn rühmten und bemerkten, dass kein anderer solcher zu finden sei, sprach sie: „Das wisst ihr nicht, o Fremdlinge; Brasidas war zwar ein tapferer Mann, aber es gibt noch viele in Sparta, die noch tapferer sind als er!"

Damonidas.

Damonidas hatte von dem, der den Chor ordnete, die letzte Stelle im Chor angewiesen erhalten. „Du hast, o Chorführer", rief er aus, „ein gutes Mittel ausgefunden, auch diesen Platz, der verachtet war, wieder zu Ehren zu bringen!"

(666) *Damis.*

Auf das Verlangen des Alexander, ihn für einen Gott zu erklären, entgegnete Damis: „Wir wollen es dem Alexander verstatten, sich, wenn er will, einen Gott nennen zu lassen!"

Damindas.

Als bei dem Einfalle Philipps in den Peloponnes jemand bemerkte: „Die Lakedämonier kommen, wie es scheint, in großes Unglück, wenn sie nicht mit ihm Frieden machen!", so sprach Damindas: „Du Mannweib; was kann uns denn Arges widerfahren, da wir den Tod verachten?!"

Dercyllidas.

Als Dercyllidas zu Pyrrhus, der mit seinem Heere auf dem spartanischen Gebiete stand, als Gesandter geschickt worden war, und Pyrrhus von ihnen[40] verlangte, sie sollten ihren König Kleonymus aufnehmen, oder sie würden erfahren, dass sie um nichts tapferer wären, als die andern, so fiel er ihm in die Rede und sprach: „Wenn du ein Gott bist, so fürchten wir dich nicht; denn wir tun kein Unrecht; bist du aber ein Mensch, so bist du wenigstens nicht besser als wir!"

Demaratus.[41]

1. Orontes hatte den Demaratus hart angefahren: „Mein Demarat!" sagte ein anderer, „Orontes hat dich (667) hart behandelt!" „Mitnichten!", erwiderte Demarat: „Er hat sich nicht an mir vergangen; denn die, welche uns nach dem Munde reden, schaden; nicht aber die, welche in Feindschaft zu uns reden!"

2. Als ihn jemand fragte, warum man bei ihnen die, welche den Schild weggeworfen, für ehrlos halte, die aber, welche Helm und Brustharnisch, keineswegs, so gab er zur Antwort: „Weil man dieses seiner selbst wegen anlegt, den Schild aber der gemeinsamen Ordnung wegen!"

---

[40] Den Spartanern.

[41] Der vertriebene spartanische König, der bei den persischen Königen Darius und Xerxes Zuflucht suchte.

3. Als er einen Harfenspieler hörte, sprach er: „Seine Possen scheinen mir nicht uneben zu sein!"

4. Man fragte ihn in einer Gesellschaft, ob er aus Narrheit oder aus Mangel an Stoff zum Gespräche schweige. „Ein Narr", versetzte er, „würde doch nicht wohl schweigen können!"

5. Auf die Frage, warum er, da er doch König sei, aus Sparta verbannt lebe, antwortete er: „Weil die Gesetze dort mächtiger sind [als der König]!"

6. Ein Perser hatte durch anhaltende Geschenke seinen Liebling [von ihm] abgewendet und sprach zu ihm: „O Lakonier, ich habe deinen Geliebten erjagt!", da erwiderte er: „Wahrlich bei den Göttern, du hast ihn nicht [erjagt], sondern erkauft!"

7. Einen vom König abgefallenen Perser hatte Demaratus beredet wieder zurückzukehren, als aber der König dann doch den Perser töten wollte, wandte er sich an ihn mit den Worten: „O König! Es wäre schimpflich, den, (668) welchen du, als er dein Feind war, für seinen Abfall nicht strafen konntest, nun zu töten, da er dein Freund geworden ist!"

8. Zu dem Schmarotzer des Königs, der ihn oftmals wegen seiner Verbannung verspottete, sagte er: „Mit dir, mein Freund, will ich gar nicht

streiten; denn du hast deinen Platz auf der Welt verloren!"

Emerepes.[42]

Emerepes, einer der Ephoren, schnitt dem Musiker Phrynis von den neun Saiten [seiner Lyra] zwei mit einem Beil ab und sagte zu ihm: „Misshandle nicht die Musik!"

Epanetus.

Epanetus pflegte zu sagen: „Die Lügner sind von allen Sünden und Vergehungen die Ursache!"

Euboidas.

Als Euboidas mehrere ein fremdes Weib loben hörte, missbilligte er es mit den Worten: „Über eines Weibes Natur sollen Fremde überhaupt gar nicht reden!"

Eudamidas, der Sohn des Archidamus.

1. Als Eudamidas, der Sohn des Archidamus und Bruder des Agis den schon bejahrten

---

[42] An andern Stellen heißt er Ekprepes.

Xenokrates in der Aka-(669)demie mit seinen Schülern philosophieren sah, fragte er, wer der Alte sei, und als man ihm sagte, dass dies ein weiser Mann sei, einer von denen, welche die Tugend suchen, rief er aus: „Und wann will er sie brauchen, wenn er sie jetzt noch sucht?!"

2. Als er einen Philosophen darüber reden hörte, dass der Weise allein ein guter Feldherr sei, sprach er: „Die Rede ist zwar vorzüglich, aber der Redner verdient keinen Glauben; denn er hat noch nicht den Schall der Trompete um sich vernommen!"

3. Xenokrates hatte eben einen Satz erörtert und war damit zu Ende, als Eudamidas erschien. „Da wir nun", versetzte einer seiner Begleiter, „da sind, ist jener zu Ende!" - „Ganz recht!" antwortete Eudamidas, „Denn er hat schon gesagt, was er sagen wollte!" Und als ihm darauf der Begleiter vorstellte, wie gut es doch gewesen, jenen zu hören, gab er ihm die Antwort: „Würden wir, wenn wir zu einem, der schon gespeist hat, kämen, ihn bitten, noch einmal zu speisen?"

4. Auf die Frage, warum er bei dem Kriege, den seine Mitbürger mit den Makedoniern anfangen wollten, es für ratsam halte, selbst ruhig zu bleiben, gab er die Antwort: „Weil ich sie nicht gerne zu Lügnern machen will!"

5. Ein anderer erwähnte seine Siege über die Perser und suchte ihn dadurch zum Kriege zu bewegen. „Du weißt wohl nicht", sprach er zu ihm, „dass dies dasselbe wäre, (670) als wenn einer, der tausend Schafe überwunden, nun mit fünfzig Wölfen es aufnehmen will?!"

6. Man fragte ihn, was er von einem Harfenspieler, der in großem Rufe stand, halte. „Er vermag", antwortete er, „in einer geringen Sache [und] sehr zu ergötzen!"

7. Als jemand Athen lobte, sprach er: „Wer kann diese Stadt mit Recht loben, welche noch niemand darum geliebt hat, weil er durch sie besser geworden ist?!"

8. Als ein Argiver behauptete, die Lakonier würden im Auslande schlechter, indem sie von den vaterländischen Gesetzen abwichen, so sprach er: „Ihr hingegen werdet nicht schlechter, sondern besser, wenn ihr nach Sparta kommt!"

9. Alexander ließ zu Olympia alle Verbannten, mit Ausnahme der Thebaner, zur Rückkehr in ihre Heimat öffentlich auffordern. „Für euch, Thebaner", fügte er hinzu, „ist dieses füglich ein Unglück, aber doch auch ehrenvoll; denn euch allein fürchtet Alexander!"

10. Auf die Frage, warum man vor dem Kampfe den Musen opfere, antwortete er: „Damit unsere Taten gut beschrieben werden!"

Eurykratidas, der Sohn des Anaxandridas.

Eurykratidas, des Anaxandridas Sohn, gab auf die Frage, warum die Ephoren jeden Tag Streitigkeiten vor Gericht entschieden, die Antwort: „Damit wir auch in den Kriegen Zutrauen zu einander haben!"

Zeuxidamus.

1. Als einer den Zeuxidamus fragte, warum man [zu Sparta] die Gesetze in Betreff der Tapferkeit ungeschrieben (672) lasse und sie nicht niederschreibe und den Jünglingen zu lesen gebe; antwortete er: „Weil man sich gewöhnen soll, lieber auf die Tapferkeit, als auf die Schrift zu achten!"

2. Ein Ätolier behauptete einst, für die, welche große Taten ausführen wollten, sei der Krieg besser, als der Friede: „Mitnichten!" versetzte er; „Denn wahrhaftig, für solche ist der Tod besser, als das Leben!"

Herondas.

Herondas befand sich gerade zu Athen, als dort einer des Müßiggangs wegen verurteilt worden war; als er davon gehört, so bat er, man möchte ihm denjenigen zeigen, welchem die Freiheit zum Verbrechen angerechnet worden[43] sei.

Thearidas.

Thearidas wurde, als er sein Schwert wetzte, gefragt, ob es scharf sei. „Ja!" versetzte er, „Schärfer als die Verleumdung!"

Themisteas.

Themisteas hatte, als Wahrsager, dem Könige Leonidas den Tod, den er und seine Mitstreiter bei den Thermopylen finden würden, vorausgesagt; als ihn nun Leonidas nach Lakedämon entlassen wollte, unter dem Vorwande, dass er (672) melde, was kommen würde, in der Tat aber, dass er nicht zugleich mit umkomme, so verweigerte er es mit den Worten: „Ich war hierher geschickt als Soldat, nicht als Bote!"

---

[43] Ein Handwerk oder ein ähnliches Geschäft treiben, galt in Sparta für sklavisch und eines Freien unwürdig; während in Athen jeder Bürger ein Geschäft, das ihn ernährte, zu treiben genötigt war, und dies sogar, wenn er aufgefordert wurde, nachweisen musste.

Theopompus.

1. Theopompus gab auf die Frage, wie man mit Sicherheit das Königtum erhalten könne, die Antwort: „Wenn man seinen Freunden eine gerechte Freimütigkeit verstattet, und seine Untertanen nach Vermögen vor Unrecht schützt!"

2. Einem Fremden, der versicherte, dass er bei seinen Mitbürgern ein Freund der Lakedämonier heiße, versetzte er: „Es wäre besser, du würdest ein Freund der Bürger, als ein Freund der Lakedämonier genannt!"

3. Als der Gesandte von Elis erzählte, seine Mitbürger hätten ihn deswegen abgeschickt, weil er allein nach lakonischer Weise lebe, so sprach er: „Und hältst du denn dein Leben für besser, als das der übrigen Bürger?" –„Allerdings!" erwiderte dieser. Da rief er aus: „Wie kann nun eine solche Stadt bestehen, in welcher unter so vielen nur ein *einziger* guter Bürger ist?"

4. Als jemand behauptete, Sparta werde durch seine Könige erhalten, welche zu regieren verständen, so erwiderte er: „Nein, sondern durch seine Bürger, die zu gehorchen verstehen!"

5. Den Pyliern, welche ihm große Ehrenbezeugungen (673) zuerkannt hatten, schrieb er: „Mäßige [Ehren] mehret die Zeit, übermäßige aber vertilgt sie!"

Therykion.

Als Therykion bei seiner Ankunft von Delphi sah, dass das Heer des Philipp die Engpässe am Isthmus besetzt hatte, rief er aus: „Ihr Korinthier! An euch hat der Peloponnes schlechte Torhüter!"

Thektamenes.

Thektamenes ging, als ihn die Ephoren zum Tode verurteilt hatten, lächelnd weg, und als ihn einer der Anwesenden fragte, ob er denn die Gesetze Spartas verachte, antwortete er: „Nein, sondern ich freue mich, dass ich eine solche Strafe erleiden muss, bei der ich von keinem Menschen etwas zu bitten oder zu borgen habe!"

Hippodamus.

Hippodamus war zugleich mit dem Agis, welcher bei dem Archidamus im Lager stand, nach Sparta geschickt worden, zur Besorgung einiger notwendiger Angelegenheiten. Da rief er aus: „Werde ich aber denn nicht einen rühmlicheren Tod finden im Kampfe für Sparta?!" (er war nämlich über achtzig Jahre alt); ergriff die Waffen, stellte sich zur Rechten des Königs und kam streitend um.

Hippokratidas.

1. Der Satrap von Karien schrieb dem Hippokratidas von einem Lakedämonier, der im Einverständnisse mit seinen (674) Feinden stehe, aber deren Nachstellungen verschwiegen habe, und fügte die Frage hinzu, was er mit ihm anfangen solle. Da schrieb ihm jener zurück: „Wenn du ihm eine große Wohltat erwiesen, so töte ihn; wo aber nicht, so jag' ihn aus dem Lande weg, weil er durch seine Feigheit zu nichts Tüchtigem zu brauchen ist!"

2. Als ihm einst ein Jüngling, von seinem Liebhaber begleitet, begegnete, und [darüber seine Farbe] veränderte, rief er ihm zu: „Du musst mit solchen gehen, in deren Gesellschaft gesehen, du deine Farbe behalten kannst!"

Kallikratidas.

1. Die Freunde Lysanders verlangten von dem Flottenführer Kallikratidas einen gewissen Mann von den Feinden, den er ihnen zur Hinrichtung überlassen, wofür er fünfzig Talente erhalten sollte. Er aber gab es nicht zu, obschon er sehr des Geldes zum Unterhalte seines Schiffsvolks bedurfte, und als Kleander, einer von seinen Räten, zu ihm sprach: „Ich hätte, wenn ich an deiner Stelle gewesen, es genommen!" antwortete er: „Ja, auch ich, wenn ich an *deiner* Stelle wäre."

2. Als er zu dem jüngeren Cyrus, der mit den Lakedämoniern verbündet war, nach Sardes kam, um Geld für seine Flotte zu erhalten, ließ er am ersten Tage sich anmelden, um den Cyrus zu sprechen. Er hörte aber, dass dieser eben am Trinken sei. „Gut!", sprach er, „So warte ich, bis er getrunken." und ging weg, weil er es für un-(675)möglich hielt, ihn noch an diesem Tage zu sprechen; was ihm als grobes Betragen ausgelegt wurde. Als er aber am nächsten Tage wieder hörte, dass dieser am Trinken sitze, ohne zum Vorscheine zu kommen, rief er aus: „Ich muss es mir angelegen sein lassen, nicht sowohl Geld zu erhalten, als nichts zu tun, was Spartas unwürdig wäre!" Und damit zog er weg nach Ephesus, unter mancherlei Verwünschungen gegen die, welche sich zuerst von den Barbaren solchen Übermut hätten gefallen lassen und diese gelehrt, auf ihren Reichtum zu trotzen, und schwur darauf vor den Anwesenden, sobald er nach Sparta gekommen, alles aufzubieten, um unter den Griechen die Eintracht herzustellen, damit sie dadurch den Barbaren furchtbarer würden und aufhörten, die Macht derselben gegen einander nötig zu haben.

3. Auf die Frage, was für Männer die Ionier seien, rief er aus: „Sie sind zwar schlechte Freie, aber gute Sklaven!"

4. Als Cyrus für die Soldaten den Sold, für ihn aber ein besonderes Geschenk schickte, so nahm er bloß den Sold an, das Geschenk aber gab

er zurück mit den Worten: Er dürfe mit ihm keine besondere Freundschaft haben, sondern die allgemeine, die er mit allen Lakedämoniern halte, halte er auch mit ihm.

5. Als er im Begriffe war, bei den arginusischen Inseln[44] eine Seeschlacht zu liefern, der Steuermann Hermon (676) aber ihm anriet, zurückzuschiffen, weil die Athener an Zahl der Schiffe weit überlegen wären; so antwortete er: „Warum soll ich dies tun? Fliehen wäre schimpflich und nachteilig für Sparta; das Beste ist, da bleiben und entweder siegen oder sterben!"

6. Als er vor der Schlacht geopfert und der Wahrsager aus den Eingeweiden [des geschlachteten Opfertiers] dem Heere zwar einen Sieg, dem Heerführer aber den Tod prophezeiht, so rief er, ohne zu erschrecken, aus: „Nicht auf einem Einzigen beruht Spartas Wohl; denn wenn ich gestorben, wird das Vaterland keinen Verlust erleiden; bin ich aber den Feinden gewichen, so wird es Verlust erleiden!" Darauf ernannte er an seine Stelle den Kleander zum Anführer, begab sich in die Schlacht und kam um.

---

[44] Sie liegen nahe bei Lesbos. Die spartanische Flotte wurde hier durch die athenische auf das Haupt geschlagen; Kallikratidas selbst verlor das Leben, 406 v. Chr.

Kleombrotus, der Sohn des Pausanias.

Kleombrotus, des Pausanias Sohn, sprach zu einem Fremdlinge, der mit seinem Vater um den Vorzug in der Tapferkeit stritt: „So lange hat dein Vater den Vorzug, bis auch du gezeugt hast!"

Kleomenes, der Sohn des Anaxandridas.

1. Kleomenes, der Sohn des Anaxandridas, pflegte zu sagen, Homer sei ein Dichter der Lakedämonier, Hesiod aber, der Heloten; denn jener lehre, wie man den Krieg führen, dieser, wie man das Feld bauen solle.

2. Er hatte mit den Argivern einen Waffenstillstand auf sieben Tage abgeschlossen, griff sie aber dennoch an, als er bemerkt, dass sie, im Vertrauen auf den Vertrag, in (677) der dritten Nacht schliefen; so tötete er einige, andere aber machte er zu Gefangenen.

3. Als man ihm nun wegen dieser Verletzung seines Eidschwures Vorwürfe machte, so erklärte er, er habe bloß auf die Tage, und nicht auf die Nächte geschworen; ohnehin sei jedes Übel, das man den Feinden zufüge, bei Göttern und Menschen als höchste Gerechtigkeit angesehen.

4. Aber es traf sich, dass er von Argos, wegen dessen er den Vertrag gebrochen, abziehen musste, weil die Weiber die Waffen aus den Tem-

peln genommen und ihn zurückgeschlagen hatten. Auch verlor er nachher die Besinnung, ergriff ein Messer, schnitt sich damit vom Fuß an bis zu den gefährlicheren Teilen auf, und verschied so unter stetem Hohngelächter.[45]

5. Da ihm der Seher missriet, das Heer gegen die Stadt Argos zu führen, weil er einen schimpflichen Rückzug erleiden würde, so sprach er zu ihm, als er bei seinem Anzug gegen die Stadt die Tore verschlossen und die Weiber auf den Mauern sah: „Hältst du das für einen schmählichen Rückzug, wo die Weiber nach dem Tode der Männer die Tore verschlossen haben?"

6. Zu den Argivern, die ihm seinen Meineid und seine Gottlosigkeit vorwarfen, sagte er: „Ihr habt wohl die Gewalt Übles von mir zu *sagen*, ich aber habe die Gewalt euch Übles zu *tun*!"

7. Den Gesandten von Samos, die ihn zum Kriege (678) gegen ihren Tyrannen Polykrates in einer langen Rede aufforderten, gab er die Antwort: „Von dem, was ihr gesagt habt, habe ich den Anfang vergessen, und darum verstehe ich auch nicht, was in der Mitte ist; das Ende aber gefällt mir nicht!"

8. Ein Seeräuber hatte im Lande geplündert und sich dann, als er gefangen genommen

---

[45] Über die Geschichte des Kleomenes vergleiche man Herodot VI, 73-84.

worden, mit den Worten entschuldigt: „Ich wusste meinen Leuten den Unterhalt nicht zu verschaffen, ich musste ihn daher mit Gewalt da nehmen, wo ich ihn fand, aber freiwillig nichts erhalten konnte!", da rief Kleomenes aus: „Die Schlechtigkeit weiß sich kurz zu fassen!"

9. Ein schlechter Mensch schmähte ihn einst. „Schmähst du darum alle", rief er aus, „damit wir bei der Verteidigung nicht Zeit haben, von deiner Bosheit zu reden?!"

10. Einer von den Bürgern behauptete, ein guter König müsste in allen Fällen Milde beweisen. „Allerdings!" versetzte er, „Nur darf er dadurch nicht verächtlich werden!"

11. Als sich jemand wunderte, dass er bei einer langwierigen Krankheit auf Gaukler und Wahrsager achtete, was er früher nicht getan, sprach er zu ihm: „Was wunderst du dich? Ich bin jetzt nicht derselbe wie damals; und da ich nicht mehr derselbe bin, gefällt mir auch nicht mehr dasselbe."

12. Als ein Sophist über die Tapferkeit sprach, lachte er sehr; und als dieser versetzte: „Warum lachst du so, Kleomenes, wenn du von der Tapferkeit reden hörst, zumal da du ein König bist?!", so sprach er: „Mein Fremdling, ich würde dasselbe getan haben, auch wenn eine Schwalbe (679) darüber geredet hätte, wenn aber ein Adler davon geredet, hätte ich ganz stille zugehört!"

13. Als die Argiver versicherten, sie würden die frühere Niederlage wiedergutmachen, so sprach er: „Ich wundere mich, wenn ihr durch den Zusatz von zwei Silben jetzt tapferer sein solltet, als ihr es vorher wart!"

14. Es schmähte ihn jemand mit den Worten: „Du bist ein weichlicher Mensch, o Kleomenes!" „Das ist doch besser", versetzte er, „als ungerecht sein; du hingegen bist ein habsüchtiger Mensch, obschon du zum Überfluss besitzest!"

15. Jemand wollte ihm einen Harfenspieler empfehlen, und lobte den Mann, teils wegen seiner übrigen Eigenschaften, teils, weil er für den besten Harfenspieler unter den Griechen gelte. Da wies er auf einen in der Nähe stehenden Menschen mit den Worten: „Bei den Göttern, der ist bei mir der [beste] Suppenkoch!"

16. Als Mäander, der Tyrann von Samos, wegen des Einfalls der Perser, nach Sparta geflohen war und alle Schätze, die er mitgebracht, ihm zeigte mit dem Anerbieten, er möge sich davon nehmen so viel er wolle, so nahm er nichts davon; weil er aber befürchtete, jeder möchte davon unter andere Leute verteilen, so ging er zu den Ephoren und stellte ihnen vor, wie es für Sparta besser (680) sei, seinen samischen Gastfreund aus dem Peloponnes zu entfernen, damit er nicht irgendeinen Spartaner zu Schlechtigkeiten verleite. Diese

aber folgten seinem Rat und nötigten den Mäander noch desselbigen Tages sich zu entfernen.

17. Einem andern, der zu ihm sprach: „Warum habt ihr die mit euch kriegführenden Argiver nach den öfteren Siegen nicht vertilgt?", gab er die Antwort: „Wir durften sie wohl nicht vertilgen, um eine Übungsschule für unsere jungen Leute zu haben!"

18. Als ihn einer fragte, warum die Spartaner die von den Feinden erbeuteten Rüstungen den Göttern nicht weihten, gab er ihm zur Antwort: „Weil sie von Feiglingen sind!", denn es zieme sich nicht, das, was wegen der Feigheit seiner Besitzer erbeutet ist, den Jünglingen zu zeigen, oder den Göttern zu weihen.

Kleomenes, des Kleombrotus Sohn.

Als jemand dem Kleomenes, dem Sohne des Kleombrotus, Streithähne anbot mit der Versicherung, dass sie im Kampf um den Sieg zu gewinnen, selbst ihr Leben ließen, so antwortete er: „Gib du mir lieber solche, welche [die andern] töten; denn jene sind besser als diese!"

Labotus.

Labotus sagte zu einem, der eine lange Rede hielt: „Warum machst du um Kleinigkeiten willen einen großen Eingang? Denn so groß als die Sache ist, soll auch die Rede sein, die du führst!"

Leotychidas.

1. Als jemand dem Leotychidas, dem Ersten, vor-(681)warf, dass er veränderlich sei, versetzte er: „Der Zeitumstände wegen [bin ich veränderlich], aber nicht wie ihr, aus eigener Schlechtigkeit!"

2. Auf die Frage, wie man am besten die gegenwärtigen Güter erhalten könne, gab er die Antwort: „Wenn man nicht alles dem Glück anvertraut!"

3. Auf die Frage, was freigeborne Knaben am meisten lernen müssten, antwortete er: „Das, was ihnen, wenn sie Männer geworden sind, am meisten nützen kann!"

4. Es fragte ihn jemand, aus welcher Ursache die Spartaner wenig tränken. „Damit nicht andere", versetzte er, „über uns beratschlagen, sondern wir über andere!"

Leotychidas, der Sohn des Aristo.

1. Leotychidas, des Aristo Sohn, antwortete dem, der zu ihm sagte: „Es reden die Söhne des Demarat Übles von dir!": „Bei den

Göttern, ich wundere mich darüber nicht; denn keiner von ihnen wird etwas Gutes reden können!"

2. Es hatte sich einst eine Schlange an der inneren Türe um den Riegel gewunden und die Seher erklärten dies für ein Wunderzeichen. „Dafür halte ich wenigstens", versetzte er, „es nicht; nur dann, wenn der Riegel sich um die Schlange gewunden, wäre es ein Wunderzeichen!"

3. Ein gewisser Philipp, ein Priester bei den orphischen Weihen, welcher ganz arm war, behauptete, dass die, welche bei ihm sich weihen ließen, nach dem Ende dieses Lebens glücklich wären. „Nun", sprach Leotychidas, „warum (682) stirbst du nicht sogleich, o Tor, damit du aufhören kannst, dein Unglück und deine Armut zu beweinen?!"

Leon, der Sohn des Eurykratidas.

1. Leon, der Sohn des Eurykratidas, gab auf die Frage, in welcher Stadt man sicher wohnen könne, die Antwort: „Wo kein Einwohner mehr oder weniger besitzen wird, wo das Recht gelten und das Unrecht schwach sein wird!"

2. Als er bemerkte, wie die Wettläufer zu Olympia, wenn sie aus den Schranken gelassen wurden, eifrig einander zuvorzukommen suchten, rief er aus: „Wie viel mehr Mühe geben sich die

Läufer in der Schnelligkeit als in der Gerechtigkeit!"

3. Als jemand zur Unzeit über eine sonst
nicht unnütze Sache redete, sprach er: „Mein
Freund, du tust, *was* du sollst, aber nicht, *wie* du
sollst!"

Leonidas, des Anaxandridas Sohn.

1. Als jemand zu Leonidas, dem Sohne
des Anaxandridas und Bruder des Kleomenes,
sagte: „Die Königliche Würde ausgenommen, hast
du nichts vor uns voraus!", antwortete er: „Aber
ich würde nicht König sein, wenn ich nicht besser
wäre, als ihr!"

2. Als ihn sein Weib Gorgo, wie er nach
den Thermopylen auszog, um mit den Persern zu
streiten, fragte, ob er ihr etwas aufzutragen habe,
antwortete er: „Nichts, (683) als dass du mit Guten dich verheiratest und gute [Kinder] gebärest!"

3. Auf die Vorstellung der Ephoren, dass
er zu wenige Leute mit nach den Thermopylen
nähme, gab er zur Antwort: „Viele sind unserer zu
der Unternehmung, zu der wir ziehen!"

4. Als sie ihre Vorstellungen wiederholten,
ob er nicht anders sich bedacht, gab er die Antwort: „Dem Worte nach [bin ich entschlossen],
den Barbaren den Zugang zu verwehren, der Tat
nach aber, für Griechenland zu sterben!"

5. Bei seiner Ankunft zu Thermopylä redete er seine Soldaten also an: „Man sagt, die Barbaren seien in der Nähe, und wir ließen die Zeit verstreichen. Wohlan denn, wir wollen siegen über die Barbaren oder selbst sterben!"

6. Ein anderer behauptete, vor den Geschossen der Barbaren sei es nicht möglich, die Sonne zu sehen. „Das ist gut!" antwortete er, „Wir werden also im Schatten kämpfen!"

7. Ein anderer brachte die Nachricht, dass die Feinde schon ganz nahe seien. „Dann sind auch wir ihnen nahe!" war seine Antwort.

8. Als einer zu ihm sagte: „O Leonidas, du willst hier mit so *Wenigen* gegen so *Viele* ein entscheidendes Treffen liefern!", antwortete er: „Wenn ihr mich nach der Menge beurteilt, so reicht auch ganz Hellas nicht hin; denn es ist ein geringer Teil, in Vergleich mit der Menge jener; seht ihr aber auf Tapferkeit, so ist auch diese Zahl hinreichend!"

9. Auf dieselbe Bemerkung eines andern gab er die (684) Antwort: „Um zu sterben, bringe ich immer noch zu viele mit!"

10. Als Xerxes an ihn schrieb: „Du kannst, wenn du nicht mit den Göttern streiten, sondern auf meine Seite treten willst, Alleinherr-

scher von Griechenland werden!"[46], so schrieb er ihm zurück: „Wenn du wüsstest, worin das Glück des Lebens besteht, so würdest du aufhören, nach fremden Dingen zu streben, für mich aber ist es rühmlicher, für Hellas zu sterben, als über meine Mitbürger zu herrschen!"

11. Als Xerxes noch einmal an ihn schrieb: „Sende die Waffen!", schrieb er zurück: „Komm und hole sie!"

12. Als er eben die Feinde angreifen wollte, forderten ihn die Polemarchen[47] auf, die Ankunft der übrigen Bundesgenossen abzuwarten. „Sind denn die nicht da", versetzte er, „welche streiten wollen? Wisst ihr denn nicht, dass nur die mit den Feinden streiten, welche vor den Königen Scheu und Furcht haben?"

13. Seine Soldaten ermahnte er, das Frühstück zu nehmen, da sie das Mittagsmahl im Hades halten würden.

14. Auf die Frage, warum die Tapfersten einen ruhmvollen Tod einem ruhmlosen Leben vorzögen, antwortete er: „Weil sie glauben, dass

---

[46] Alleinherrscher über seine Stammgenossen sein, weil in Sparta stets zwei Könige mit sehr beschränkter Macht regierten.

[47] Polemarchen hießen die Befehlshaber der einzelnen Moren, in welche das spartanische Heer abgeteilt war.

das eine der Natur eigen sei, das andere aber ihnen selbst!"

15. Er wollte einige Jünglinge am Leben erhalten, und da er wusste, dass sie es öffentlich nicht würden geschehen lassen, gab er einem jeden von ihnen eine Skytala[48] und schickte ihn damit zu den Ephoren. So wollte er auch drei Männer erhalten; diese aber merkten es und wollten die Scytala nicht annehmen; der Eine von ihnen sprach: „Ich bin dir gefolgt, nicht als Bote, sondern als Krieger!", der Zweite: „Es wird für mich rühmlicher sein, hier zu bleiben!", der Dritte: „Ich will nicht nach diesen, sondern zuerst streiten!"

Lochagus.

Lochagus, der Vater des Polyänidas und Siron, rief bei der Nachricht von dem Tod des einen seiner Söhne aus: „Ich wusste längst, dass er sterben musste!"

---

[48] Ein Geheimbrief, geschrieben auf Leder, welches um einen Stock gerollt wurde, sodass die Buchstaben nur von dem gelesen und verstanden werden konnten, welcher einen Stock derselben Dicke besaß, um den er die Schrift rollen konnte. Dergleichen Stäbe hatten die Ephoren und die Feldherren.

Lykurgus.

1. Lykurgus, der Gesetzgeber, wollte seine Mitbürger aus ihrer früheren [üppigen] Lebensweise zu einem mäßigeren, geordneteren Leben führen und zur Tugend tüchtig machen; denn sie waren verweichlicht. Deshalb zog er zwei Hunde auf, die von demselben Vater und von derselben Mutter (686) abstammten; den einen gewöhnte er an Leckereien, und ließ ihn zu Hause; den andern nahm er mit und gewöhnte ihn an die Jagd. Darauf nahm er beide in die Versammlung, wo er allerlei Leckereien hinlegte, aber auch zugleich einen Hasen losließ; als nun beide nach dem liefen, woran sie gewöhnt waren und der eine den Hasen fing, sprach er: „Ihr Mitbürger! Ihr seht, dass beide Hunde, obgleich von derselben Abkunft, in ihrer Lebensweise sehr voneinander verschieden geworden sind, und dass die Übung weit besser zum Guten führen kann, als die Natur!" Einige zwar behaupten, die Hunde, welche er vorführte, seien nicht von denselben Eltern gewesen, sondern der eine von Haushunden, der andere von Jagdhunden; den einen, der schlechterer Abkunft war, sagen sie, übte er dann zur Jagd, den andern, besserer Abkunft, übte er bloß in der Nascherei; und als darauf beide nach dem liefen, woran sie gewöhnt waren, so suchte er seinen Mitbürgern daraus deutlich zu machen, wie viel die Erziehung zum Guten wie zum Schlechten beiträgt. „So bringt auch uns", fuhr er dann fort,

„unsere hohe Abkunft, wegen welcher uns die Menge bewundert, und unsere Abstammung von Herkules keinen Nutzen, wenn wir nicht auch das tun, was jenen vor allen Menschen berühmter und ausgezeichneter machte; indem wir unser ganzes Leben hindurch das Gute erlernen und üben!"

2. Nachdem er die Verteilung der Ländereien be-(687)werkstelligt, und einem jeden Bürger einen gleichen Anteil angewiesen, soll er einige Zeit nachher von einer Reise zurück durch das frischgeschnittene Feld gekommen und bei dem Anblicke der Haufen, die neben einander ganz gleich waren, vor Freude lächelnd, zu den Umstellenden gesagt haben: „Ganz Lakonien scheint vielen Brüdern zu gehören, die eben unter sich geteilt haben!"

3. Als er die Tilgung aller Schulden durchgesetzt, wollte er auch alle Hausgeräte auf gleiche Weise verteilen, um gänzlich jede Verschiedenheit und Ungleichheit zu tilgen. Da er aber sah, dass man die offene Hinwegnahme desselben sich schwerlich gefallen lassen würde, so schaffte er alle Gold- und Silbermünzen ab und befahl bloß eiserne zu gebrauchen, wobei er auch bestimmte, wie hoch sich, in Absicht auf den Wert, das ganze Vermögen belaufen dürfe. Als dies geschehen war, verschwand aus Sparta jede Art von Verbrechen; denn niemand konnte mehr durch Stehlen, Bestechlichkeit, Betrügerei und Raub etwas an sich bringen, was zu verbergen unmöglich, zu besitzen

nicht wünschenswert, zu gebrauchen gefährlich, und aus- oder einzuführen, unsicher war. Außerdem verbannte er auch alle überflüssigen Dinge [aus Sparta], sodass kein Kaufmann, kein Sophist, kein Wahrsager oder Landstreicher, kein Verfertiger von [überflüssigen] Zierraten Sparta betrat; denn Lykurg ließ die bei diesen gangbare Münze nicht zu, indem er bloß eiserne eingeführt, welche an Gewicht (688) eine äginetische Mine, an Wert aber vier Chalken betrug.

4. Um dem Luxus entgegenzuwirken und das Streben nach Reichtum zu verbannen, führte er die Syssitien[49] ein. Als man ihn nun fragte, warum er diese Anordnung gemacht und die Bürger so geteilt, dass immer nur Wenige bewaffnet zusammenspeisten, antwortete er: „Damit sie die Befehle schnell erhalten und wenn sie Neuerungen anfangen wollen, nur Wenige an dem Verbrechen Anteil nehmen können; damit ferner Gleichheit im Essen und Trinken sei, und weder im Essen noch im Trinken, ja nicht einmal in Polstern, Gefäßen und andern Dingen überhaupt der Reiche vor dem Armen etwas voraus habe!"

5. Nachdem er so dem Reichtum allen äußeren Wert benommen, da niemand ihn gebrauchen noch damit glänzen konnte, sprach er zu seinen Freunden: „Wie schön ist es doch, ihr Lie-

---

[49] Meistens 15 Personen.

ben, durch die Tat zu zeigen, dass der Reichtum, wie er es in Wahrheit auch ist, blind ist!"

6. Er nahm auch darauf Bedacht, dass keiner vorher zu Hause speise und so, gesättigt mit andern Speisen und Getränken, zu den Syssitien komme; auch schalten die andern einen solchen, der nicht mit ihnen trank oder aß, als einen unmäßigen und gegenüber von ihrer gemeinen (689) Kost verweichlichten Menschen, und wenn es an einem entdeckt wurde, ward er überdem bestraft. Als daher der König Agis nach langer Abwesenheit aus dem Feldzuge, worin er die Athener besiegt, zurückgekehrt war und, um nur einmal bei seiner Frau zu essen, seine Portion holen ließ, so übersandten ihm die Polemarchen[50] dieselbe nicht, als aber am folgenden Tage die Sache den Ephoren angezeigt wurde, ward er von diesen bestraft.

7. Wegen dieser Verfügungen wurden die Reichen aufgebracht, rotteten sich zusammen, schmähten ihn und warfen auf ihn, in der Absicht, ihn zu steinigen. Verfolgt von ihnen, kam er glücklich durch den Markt, gewann vor den Übrigen einen Vorsprung und flüchtete sich in das Heiligtum der Minerva Chalkiökus, nachdem auf der Verfolgung, während er sich umdrehte, Alkander mit dem Stock ihm ein Auge ausgeschla-

---

[50] Sie hatten auch die Aufsicht über die Syssitien

gen hatte. Man übergab ihm unter einmütigem Beschlusse [den Jüngling] zur Strafe; er aber tat ihm nichts zu Leide und machte ihm keine Vorwürfe, sondern behielt ihn ganz bei sich in seinem Hause, und brachte es dahin, dass derselbe ihn und die Lebensweise, die er bei ihm führte, lobte und überhaupt seine Einrichtungen rühmte. Zum Andenken an diesen Vorfall stiftete er im Heiligtume der Minerva Chalkiökus einen Tempel, unter dem Beinamen der Oxtiletis; die hier wohnenden Dorer nennen nämlich die Augen Oxtilus.

(690) 8. Auf die Frage, warum er keine geschriebene Gesetze eingeführt, gab er die Antwort: „Weil die, welche auf die gehörige Weise erzogen und gebildet sind, das prüfen, was unter den Umständen nützlich ist!"

9. Auf eine andere Frage, warum er geboten, in den Wohnungen bei dem Dache bloß die Art, bei den Türen bloß die Säge und kein anderes Werkzeug zu gebrauchen, antwortete er: „Damit die Bürger in allem, was sie in das Haus bringen, mäßig sind, und nichts von dem besitzen, was bei andern im Werte steht!"

10. Diese Gewohnheit veranlasste auch, wie man erzählt, den König Leotychides, den Ersten, als er bei einem Freunde speiste und die Ecke des Saales kostbar mit eingelegter Arbeit verziert sah, seinen Gastfreund zu fragen, ob bei ihnen das Holz viereckig wachse.

11. Auf die Frage, warum er es verboten, gegen dieselben Feinde oftmals zu Felde zu ziehen, antwortete er: „Damit dieselben nicht, öftere Gegenwehr gewohnt, in der Kriegsführung erfahren werden!" Deshalb tadelte man es auch besonders an Agesilaus, dass er durch seine unablässigen Einfälle und Kriegszüge nach Böotien den Lakedämoniern in den Thebanern Gegner [die ihnen gewachsen] angezogen.

12. Ein anderer fragte ihn, warum er die Körper der Jungfrauen im Wettlauf, Ringen, im Werfen des Diskus und der Speere übe; „Damit", erwiderte er, „in kräftigem Körper eine kräftige Frucht Wurzel fassen und gut aufkeimen kann, (691) sie selbst aber kräftig genug sind, um die Geburt zu bestehen, und die Wehen leicht und gut aushalten; endlich, damit sie im Notfall auch im Stande sind, für ihre Kinder und ihr Vaterland zu streiten!"

13. Als einige die Entblößung der Jungfrauen bei den feierlichen Aufzügen tadelten und nach der Ursache fragten, so gab er ihnen zur Antwort: „Damit sie, indem sie gleiche Beschäftigung mit den Männern haben, diesen weder an Körperstärke und Gesundheit, noch an Ruhmbegierde und Tapferkeit nachstehen, und sich über die Meinung der Menge hinwegsetzen!" Daher erzählt man auch von Gorgo, der Gattin des Leonidas, sie habe, als eine Fremde zu ihr gesagt: „Ihr Lakedämonierinnen seid die Einzigen, die

ihre Männer beherrschen!", derselben geantwortet: „Allerdings, denn wir sind auch die Einzigen, welche Männer gebären!"

14. Den Ehelosen erlaubte er nicht, den Spielen der nackten jungen Leute[51] zuzusehen, ja er belegte sie sogar noch mit einer gewissen Beschimpfung; denn auf die Kindererzeugung hatte er ein Hauptaugenmerk gerichtet; auch entzog er jenen die Ehre und Achtung, welche jüngere Leute den älteren zu erweisen pflegten. Daher auch niemand den Vorwurf, der dem Dercyllidas gemacht wurde, missbilligte, obschon dieser ein berühmter Feldherr war. Ein jüngerer Mensch stand nämlich vor ihm, als er auf ihn zukam, von (692) seinem Sitze nicht auf; sondern entschuldigte sich mit den Worten: „Du hast ja keinen gezeugt, der vor mir einst aufstehen wird!"

15. Als man ihn fragte, warum er verordnet, die Mädchen ohne Mitgift zu verheiraten, erwiderte er: „Damit nicht die einen aus Armut unverheiratet bleiben, die andern aber des Reichtums wegen gesucht werden, sondern jeder auf den Charakter des Mädchens sehe und durch die Tugend seine Wahl bestimmen lasse!" Deshalb verbannte er auch die Gewohnheit, sich zu schminken, aus der Stadt.

---

[51] Bei den sogenannten Gymnopädien.

16. Er hatte auch die Zeit der Verheiratung für Jünglinge und Jungfrauen festgesetzt, wobei er den Grund anführte, es sollten aus reifen Körpern auch kräftige Kinder erzeugt werden.

17. Es wunderte sich jemand, warum er dem Neuvermählten untersagt, bei seiner Braut zu schlafen, sondern die Anordnung gemacht, dass er den größten Teil des Tags bei seinen Kameraden zubringe und selbst die ganze Nacht mit ihnen zusammen schlafe, seiner Braut aber nur heimlich und mit Vorsicht sich nahe. „Dies geschieht darum", versetzte er, „damit sie am Körper stark bleiben und nicht einander satt werden, sondern in der Liebe immer einander neu bleiben und kräftigere Kinder erzeugen!"

18. [Kostbare] Salben verbot er, weil durch sie das Öl verdorben werde; desgleichen die Färberkunst, weil sie eine Schmeichelei der Sinne sei.

19. Alle, die mit der Verfertigung von Gegenständen (693) zum Schmucke des Körpers sich beschäftigten, ließ er nicht nach Sparta kommen, weil sie durch ihre schlechten Künste die Übrigen verderben.

20. Es herrschte in jenen Zeiten eine große Züchtigkeit unter den Frauen, die gänzlich entfernt war von ihrer späteren Leichtfertigkeit, sodass Ehebruch bei ihnen früher unglaublich war. Auch erzählt man von einem Spartaner, Gera-

dates, aus ganz alter Zeit, er habe auf die Frage eines Fremden, welche Strafe bei ihnen den Ehebrecher treffe (denn er sehe darüber nichts von Lykurg verordnet), geantwortet: „Mein Freund, bei uns gibt es keinen Ehebrecher!" Als aber dieser erwiderte: „Wenn es nun aber doch geschähe?"[52], so versetzte Geradates: „Wie kann es in Sparta einen Ehebrecher geben, wo Reichtum, Luxus und Pracht verachtet ist, hingegen Zucht, Sittsamkeit und Gehorsam gegen die Obrigkeiten in Ehren gehalten wird?"

21. Dem, welcher von ihm verlangte, er solle in der Stadt eine Demokratie einführen, gab er die Antwort: „Führe du zuerst in deinem Hause eine Demokratie ein!"

22. Als ihn jemand fragte, warum er so einfache und geringe Opfer angeordnet, antwortete er: „Damit wir nie aufhören, die Götter zu ehren!"

(694) 23. Er verstattete seinen Mitbürgern nur solche Kampfspiele, wobei die Hand nicht ausge-

---

[52] Nach Plutarchs Leben des Lykurg Kap. 15 (S. 144f.) gab Geradates darauf die Antwort: „So müsste er zur Strafe einen Stier geben, der mit seinem Kopfe über den Taygetus hinwegreichte und so aus dem Eurotas tränke!" „Was!", rief darauf der Fremde voll Verwunderung, „Wie könnte ein Stier so groß werden?" [Darauf folgt die hier im Texte stehende Antwort. Vielleicht ist das Übrige hier ausgefallen.]

streckt würde.[53] Als man ihn nach der Ursache fragte, so gab er zur Antwort: „Damit keiner von ihnen sich gewöhnt, im Kampfe den Mut sinken zu lassen!"

24. Auf die Frage eines andern, warum er so oft das Lager verändern lasse, erwiderte er: „Damit wir dem Feinde mehr schaden können!"

25. Ein anderer wollte wissen, warum er es verbot, Festungen zu belagern. „Deshalb", versetzte er, „damit nicht tapfere Männer durch ein Weib, oder durch ein Kind, oder andere dergleichen Leute umkommen!"

26. Einige Thebaner zogen ihn wegen des Opfers und der Trauer, welche sie der Leukothea[54] zu Ehren veranstalten, zu Rate. Er gab ihnen darauf den Rat, „wenn sie sie [die Leukothea] für eine Göttin hielten, dann sie nicht zu beklagen; wenn sie dieselbe aber für sterblich hielten, ihr keine Opfer, als einer Gottheit, zu bringen."

---

[53] Durch Ausstrecken der Hand erklärte sich der Kämpfende für besiegt.

[54] Ino, des Kadmus Tochter und des Athamas Gattin, stürzte sich mit ihrem Sohn Melikertes, verfolgt von dem rasenden Gemahl, ins Meer. Fortan wurden beide als Meeresgottheiten verehrt, Ino unter dem Namen Leukothea, Melikretes aber als Palämon.

27. Einige seiner Mitbürger wandten sich an ihn mit der Frage: „Wie können wir einen Einfall der Feinde abwehren?" „Wenn ihr arm bleibt", versetzte er, „und keiner Mehr als der andere zu haben begehrt!"

(695) 28. Ein andermal gab er auf eine Anfrage wegen der Stadtmauern, die Antwort: „Eine Stadt ist nicht ohne Mauern, welche mit Männern statt der Backsteine eingefasst ist!"

29. Die Spartaner pflegten sehr auf ihr Haar zu sehen, wobei sie sich auf eine Äußerung des Lykurg beriefen, dass das Haar den Schönen wohlgestalteter, den Hässlichen aber furchtbarer mache.

30. Im Kriege gebot er ihnen, wenn sie den Feind in die Flucht geschlagen und besiegt hätten, ihn so weit zu verfolgen, bis sie des Siegs gewiss wären, dann aber sogleich umzukehren; denn es sei, behauptete er, eines Hellenen unwürdig, die welche das Feld geräumt, zu töten, das Gegenteil aber vielmehr nützlich; denn ihre Gegner, wenn sie wüssten, dass sie der Fliehenden schonten und nur die töteten, welche Widerstand leisteten, würden es für ratsamer halten, zu fliehen, als Stand zu halten.

31. Man fragte ihn, warum er es verbot, die Leichname der Feinde zu plündern. „Damit", versetzte er, „die Soldaten nicht unter dem Plün-

dern zu kämpfen vergessen, sondern auch die Armut zugleich mit der Ordnung erhalten!"

Lysander.

1. Dionys schickte dem Lysander zwei Mäntel mit der Bitte, den der ihm gefalle, auszuwählen und seiner Tochter zu bringen: „Es ist besser", versetzte dieser, „dass sie selbst wähle!" und ging dann mit beiden Mänteln fort.[55]

2. Lysander war ein gewaltiger Sophist, wohl erfahren in jeglicher Art von List; er setzte das Recht bloß in den Gewinn und die Ehre in den Nutzen. Die Wahrheit, pflegte er zu sagen, sei zwar [an und für sich] besser, als die Lüge; aber der Wert und die Würde eines jeden von den Beiden werde erst durch den Gebrauch bestimmt.

3. Denen, die ihn tadelten, dass er in den meisten Fällen betrügerisch verfahre, was doch eines Nachkommen des Herkules unwürdig sei, und dass er mehr der List als der Aufrichtigkeit sein Glück zu verdanken suche, gab er köchelnd zur Antwort: „Wo die Löwenhaut nicht ausreicht, muss man die Fuchshaut annähen!"

4. Als ihm andere die Verletzung des Eides vorwarfen, den er zu Milet geleistet, sprach er:

---

[55] Dieselbe Anekdote findet sich oben in den Denksprüchen der Könige und Feldherren auf etwas andere Art erzählt.

„Die Kinder muss man durch Würfel täuschen, die Männer durch Eidschwüre!"

5. Als er die Athener durch einen Hinterhalt bei Ägospotami geschlagen und durch Hunger die Stadt Athen selbst zur Übergabe gezwungen, schrieb er an die Ephoren: „Athen ist erobert!"

6. Die Argiver hatten Grenzstreitigkeiten mit den Lakedämoniern und behaupteten, kräftigere Rechtsgründe zu haben, als jene. Da zog er sein Schwert und sprach: „Wer dieses hat, kann am besten über die Grenzen des Landes sprechen!"

7. Als er bemerkte, dass die Böotier, durch deren Land er ziehen wollte, nach beiden Seiten sich neigten, schickte er zu ihnen und ließ sie fragen, ob er mit aufge-(697)richteten Lanzen oder mit gesenkten durch ihr Land ziehen solle.

8. Ein Megarenser sprach in einer allgemeinen Versammlung etwas freimütig gegen ihn. „Deinen Reden, [erwiderte er] o Fremdling, fehlt eine [große] Stadt!"

9. Als er an den Mauern der [von Sparta] abgefallenen Korinther vorbei zog, sah er, dass seine Lakedämonier zauderten, einen Angriff zu machen. Da er nun einen Hasen über den Graben springen sah, rief er aus: „Schämt ihr euch nicht, ihr Spartaner, vor solchen Feinden euch zu fürch-

ten, die aus Nachlässigkeit die Hasen in den Mauern schlafen lassen?"

10. Als er zu Samothrake das Orakel befragte, forderte ihn der Priester auf, die ungerechteste Tat zu nennen, die er in seinem Leben begangen. „Muss ich dies nun tun", fragte er, „auf dein Geheiß, oder auf Befehl der Götter?" „Auf Befehl der Götter!" antwortete dieser. „Nun, so entferne dich von mir!" versetzte er, „Ich will dann *jenen* antworten, wenn sie mich fragen."

11. Einem Perser, der ihn fragte, welche Staatsverfassung ihm am meisten gefalle, gab er die Antwort: „Die, welche den Töpfern wie den Feigen gibt, was sie verdienen!"

12. Zu einem andern, der ihn versicherte, dass er ihn rühme und sehr hoch schätze, sprach er: „Ich habe zwei Ochsen auf dem Felde; und wenn auch beide schweigen, so (698) weiß ich doch, welcher von ihnen träge ist, und welcher arbeitsam!"

13. Als ihn jemand schmähte, versetzte er: „Sprich nur in einem fort, mein Ausländerlein[56], sprich ohne Unterlass, wenn du dadurch deine Seele des Bösen, mit welchem du, wie es scheint, angefüllt bist, entledigen kannst!"

---

[56] Vielleicht auch: „Mein Gästchen!" wenn wir den Zusammenhang wüssten.

14. Einige Zeit nach seinem Tode war unter den Verbündeten eine Streitigkeit ausgebrochen und Agesilaus begab sich in das Haus des Lysander, um die Papiere, welche Lysander bei sich behalten hatte, zu untersuchen. Da fand er auch eine Schrift, welche Lysander über die Staatsverfassung aufgesetzt hatte, des Inhalts, man solle den Eurypontiden und Agiden[57] die königliche Würde nehmen, dieselbe frei lassen und nur die Besten dazu auserwählen, damit diese Ehre nicht bloß den Nachkommen des Herkules zuteil werde, sondern allen denen, welche dem Herkules in den vorzüglichen Eigenschaften gleich wären, durch welche sich auch dieser göttliche Ehre errungen. Agesilaus wollte diese Schrift den Bürgern vorlegen, um ihnen bei dieser Gelegenheit zu zeigen, was Lysander insgeheim für ein Bürger gewesen; und um gänzlich dessen Freunde in ein schlimmes Licht zu stellen. Aber Kratidas, welcher damals an der Spitze der Ephoren stand, soll, aus Furcht, es möchte das Vorlesen dieser Schrift Eindruck machen, den Agesilaus davon abgebracht haben mit den Worten: „Man solle den (699) Lysander nicht wieder ausgraben, sondern lieber mit ihm den Aufsatz begraben, der mit solcher Schlauheit und Überredungskunst geschrieben sei!"

---

[57] So hießen die beiden Familien, aus denen die spartanischen Könige genommen wurden.

15. Denjenigen, welche um seine Töchter gefreit, aber nach seinem Tode, als er arm gefunden wurde, zurückgetreten waren, legten die Ephoren eine Strafe auf, weil sie dem Lysander, in der Meinung, er sei reich, geschmeichelt, dann aber, als sie aus dessen Armut seine Gerechtigkeit und Redlichkeit erkannt, ihn verachtet hatten.

Namertes.

Als Namertes irgendwohin als Gesandter geschickt war und daselbst von jemand wegen der Menge seiner Freunde glücklich gepriesen wurde, legte er ihm die Frage vor, ob ihm denn ein Kennzeichen bekannt sei, wodurch es möglich sei, zu erkennen, ob jemand an Freunden reich sei. Als aber dieser eines dergleichen von ihm erfahren wollte, gab er ihm die Antwort: „Das Unglück [ist das beste Kennzeichen]!"

Nikander.

1. Als Nikander hörte, dass die Argiver ihm Übles nachsagten, sprach er: „Das ist Strafe genug für sie, dass sie *guten* Männern *Schlechtes* nachsagen!"

2. Auf die Frage, warum die Spartaner Bart und Haare wachsen ließen, gab er zur Antwort: „Weil der eigene Schmuck der schönste und wohlfeilste für einen Mann ist!"

3. Ein Athener machte ihm den Vorwurf: „Mein Nikander, ihr [Spartaner] geht doch gar zu sehr dem Müs-(700)sigggange nach!" „Das ist wahr!" versetzte er, „Aber wir geben uns auch nicht – wie ihr – mit allem ab, was uns vorkommt!"

Panthödas.

1. Man zeigte dem Panthödas in Asien, wohin er als Gesandter gekommen war, eine Festung. „Wahrhaftig, meine Freunde!", rief er aus, „Das ist eine schöne Weiberwohnung!"

2. Einst fragten ihn die Philosophen, nachdem sie über manche wichtige Gegenstände in der Akademie gesprochen hatten, was er von diesen Reden halte; „Allerdings", versetzte er, „sind die Reden [ihrem Inhalte nach] wichtig, aber ihr habt keinen Ruhm davon, weil ihr nicht danach lebt!"

Pausanias, des Kleombrotus Sohn.[58]

1. Die Delier hatten wegen ihrer Insel mit den Athenern einen Rechtsstreit, wobei sie behaupteten, dass nach dem bei ihnen bestehenden

---

[58] Der bekannte König und Feldherr, der bei Platäa die Perser besiegte, dann aber wegen Verräterei das Leben verlor.

Gesetze, kein Weib auf der Insel gebäre und kein Toter beerdigt werde[59]. „Wie kann denn das", rief Pausanias aus, „euer Vaterland sein, wo keiner von euch geboren ist, und auch keiner nach seinem Tode sein wird?!"

2. Einige der verbannten Athener forderten ihn auf, (701) sein Heer gegen Athen zu führen und [um ihn dazu zu bewegen], erzählten sie ihm, dass die Athener ihn allein bei den olympischen Spielen, wo er als Sieger ausgerufen worden war, ausgezischt. „Was glaubt ihr denn", erwiderte er, „was die, welche mich auszischen, da ich ihnen Wohltaten erwies, erst tun werden, wenn ich ihnen Leid zufüge?!"

3. Auf die Frage, warum [die Spartaner] den Tyrtäus[60] zum Bürger gemacht hätten, antwortete er: „Damit es nie den Schein hat, als sei ein Fremder unser Anführer!"

4. Zu einem, der, obwohl an Körper schwach, den Krieg gegen die Feinde kräftig zu Wasser und zu Lande zu führen anriet, sagte er:

---

[59] Weil Delos dem Apollo geheiligt war, als dessen und der Diana Geburtsstätte, aus welcher alles, was als unrein angesehen wurde, entfernt war. (siehe Thukydid. III, 104.)

[60] Der bekannte athenische Dichter, der die entmutigten Spartaner durch seine Lieder zu neuen Kämpfen gegen die Messenier entflammte; s. Lykurgs Leben Kap. 17 und daselbst die Note (XIV, 128.)

„Gut, ziehe dich aus, und zeige uns, welchen Körper du hast, weil du uns so zum Kriege rätst!"

5. Mehrere bewunderten unter der den Barbaren[61] abgenommenen Beute die kostbaren Kleidungen: „Es ist besser", sagte er zu ihnen, „selbst viel wert zu sein, als Dinge zu besitzen, welche viel wert sind!"

6. Nach dem Siege, den er zu Plataä über die Meder gewonnen, befahl er seinen Leuten, die vorher zubereitete persische Mahlzeit aufzutragen. Als man sich nun über die außerordentliche Pracht dabei wunderte, so sprach er: „Wahrhaftig, die Perser waren Leckermäuler, dass sie bei so (702) vielen Gerichten auch noch zu unsern Kuchen[62] gekommen sind!"

Pausanias, der Sohn des Plistanax.

1. Pausanias, des Plistanax Sohn, gab auf die Frage, warum es bei ihnen verboten sei, eines von den alten Gesetzen zu verändern, die Antwort: „Weil die Gesetze über die Männer und nicht die Männer über die Gesetze Herren sein sollen!"

---

[61] Die Perser, die nachher die Meder heißen.

[62] unsern armseligen Gerichten

2. Als er nach seiner Verbannung zu Tegea die Lakedämonier lobte, entgegnete ihm jemand: „Warum bist du denn nicht in Sparta geblieben, sondern lebst im Exil?" „Weil auch die Ärzte", erwiderte er, „nicht bei den Gesunden, sondern da, wo die Kranken sind, sich aufzuhalten pflegen."

3. Auf die Frage, wie man die Thrakier besiegen könne, gab er zur Antwort: „Wenn wir den Tüchtigsten zum Feldherrn nehmen!"

4. Als ein Arzt bei einem Besuch ihm bedeutete, es fehle ihm gar nichts, so antwortete er ihm: „Ich brauche aber auch dich nicht als Arzt!"

5. Einer von seinen Freunden machte ihm Vorwürfe, dass er auf einen Arzt, den er gar nicht gebraucht und von dem er gar nicht beleidigt worden, so schimpfe. „Ja!", versetzte er, „Hätte ich ihn gebraucht, so wäre ich nicht mehr am Leben!"

6. Ein anderer Arzt sagte zu ihm: „Du bist alt ge-(703)worden." „Weil ich dich nicht als Arzt gebraucht!" war seine Antwort.

7. Er erklärte den für den besten Arzt, der die Kranken nicht verfaulen lasse, sondern sie je eher, je lieber zu Grabe bringe.

Pädaretus.

1. Pädaretus versetzte auf die Bemerkung eines andern, dass die Feinde zahlreich seien: „Gut, so würde unser Ruhm desto größer sein, denn wir werden desto mehrere töten!"

2. Als er einen von Natur weichlichen Menschen, den seine Mitbürger wegen der Milde seines Charakters rühmten, erblickte, rief er aus: „Man soll nicht Männer loben, die den Weibern ähnlich sind, noch Weiber, die den Männern gleich sind, außer wenn die Not ein Weib dazu zwingt!"

3. Als er zu Sparta nicht unter die Dreihundert[63], welches in der Stadt die erste Ehrenstufe war, gewählt worden, ging er heiter und lächelnd nach Hause. Da ihn nun die Ephoren zurückriefen und ihn fragten, warum er lache, antwortete er: „Weil ich mich freue, dass die Stadt noch dreihundert Bürger besitzt, welche besser sind als ich!"

---

[63] 300 auserwählte Jünglinge, welche zu Pferde dienten und eine Art von Leibwache des Königs bildeten. Sie waren stets aus den ersten Geschlechtern ausgewählt. S. Lykurgs Leben Kap. 25. (XIV, 161).

Plistarchus.

1. Plistarchus, des Leonidas Sohn, gab auf die Frage, (704) aus welcher Ursache man nicht die königlichen Familien nach den ersten Königen benenne[64], die Antwort: „Weil jene lieber [andere] führen, als sie beherrschen wollten, ihre Nachkommen aber keineswegs!"

2. Zu einem Advokaten, der lächerliche Dinge vorbrachte, sagte er: „Hüte dich, mein Freund, in einem fort lächerliche Dinge zu reden; auf dass du nicht selbst lächerlich werdest, so wie die, welche in der Ringschule sind, zuletzt Ringer werden!"

3. Man erzählte ihm, dass ein gewisses Lästermaul ihn lobe. „Das wundert mich!", versetzte er, „Es hat ihm vielleicht jemand gesagt, dass ich gestorben sei: Denn keinem Lebenden kann er etwas Gutes nachsagen!"

Plistonax.

Ein attischer Redner, der die Lakedämonier Leute nannte, die nichts gelernt, entgeg-

---

[64] Die beiden lakedämonischen Könige hießen Eurysthenes und Prokles. Nach dem Sohne des Eurysthenes, Agis, erhielt die eine Familie den Namen der Agiden, und nach dem Enkel des Prokles, Eurypon, die andere den Namen der Eurypontiden.

nete Plistonax, der Sohn des Pausanias: „Du hast Recht; denn wir allein unter den Hellenen haben nichts Schlechtes von euch gelernt!"

Polydorus.

1. Polydorus, der Sohn des Alkamenes, hörte jemand öfters Drohungen gegen seine Feinde ausstoßen. „Siehst du nicht ein", sprach er zu ihm, „dass du dich um den größten Teil der Rache bringst?!"

2. Als er das Heer gegen Messenien führte, richtete jemand an ihn die Frage, ob er mit den Brüdern [der Spartaner] kämpfen wolle. „Mitnichten!", antwortete er, „Sondern ich ziehe gegen den noch nicht verlosten Anteil des Landes."[65]

3. Als die Argiver nach dem Gefechte der Dreihundert[66] wiederholt in einer großen Schlacht auf's Haupt geschlagen waren, so lagen die Verwundeten dem Polydorus an, die Gelegenheit zu benutzen und durch einen schnellen Angriff auf

---

[65] Die Lakedämonier behaupteten, dass bei der Verteilung des Landes ihre Könige Prokles und Eurysthenes von ihrem Oheim Eresphrates betrogen worden seien, indem dieser für sich das fruchtbare Messenien behalten, und jenen den unfruchtbaren Teil gelassen.

[66] Er meint das Gefecht der dreihundert Argiver und ebenso vieler Spartaner wegen des Besitzes von Rhyrea; s. Herodot I, 82 (XXXIV, 88-89)

die feindlichen Mauern die Stadt [Argos] wegzunehmen; denn jetzt, da die Männer umgekommen und bloß die Weiber zurückgeblieben, werde er mit Leichtigkeit dies ausführen. Er aber gab ihnen zur Antwort: „Im offenen Felde meine Gegner im Kampfe zu besiegen ist rühmlich für mich; aber das halte ich für ungerecht, wenn ich, nachdem ich über die Grenzen des Landes gekämpft, auch ihre Stadt nehmen wollte: Denn ich bin gekommen, um ein Stück Land wegzunehmen, nicht aber, um ihre Stadt zu besetzen!"

4. Auf die Frage, warum die Spartaner in den Gefahren des Kriegs einen solchen Mut zeigten, gab er die (706) Antwort: „Weil sie gelernt haben, sich vor ihren Anführern zu scheuen, nicht aber, sich vor ihnen zu fürchten!"

Polykratidas.

Polykratidas, welcher mit einigen andern als Gesandter zu den Generalen des [persischen] Königs geschickt war, gab auf die Frage der Letzteren, ob er in eigenen Angelegenheiten gekommen oder von Staatswegen geschickt sei, zur Antwort: „Wenn wir unsern Zweck erreichen, in öffentlichen Angelegenheiten, wo nicht, in Privatangelegenheiten!"

Phöbidas.

Als vor der leuktrischen Schlacht einige äußerten, dieser Tag werde den tapferen Mann erkennen lassen, sagte Phöbikas, der Tag sei viel wert, welcher den Tapfern kenntlich machen werde.

Sous.

Sous war, wie man erzählt, von den Klitoriern[67] in einer rauen und wasserarmen Gegend eingeschlossen worden und hatte sich dazu verstanden, das im Krieg eroberte Land ihnen wieder zu überlassen, wenn er und alle seine Leute (707) aus der nahen Quelle, welche die Feinde bewachten, getrunken hätten. — Nach abgelegtem Eide ließ er seine Leute zusammenkommen und bot dem, welcher nicht trinken würde, die Königswürde an; als aber keiner sich bezwingen konnte und alle getrunken, stieg Sous zuletzt nach allen andern herunter, besprengte sich mit Wasser, ging dann noch im Angesicht der Feinde wieder fort und behielt das Land, unter dem Vorwand, *er* habe nicht getrunken.

---

[67] Klitor oder Klitorium, Name einer Stadt in Arkadien, berühmt wegen einer Quelle, deren Wasser einen Ekel vor dem Weine verursachte. Vergl. Ovids Metamorphosen XV, 322.

Telekrus.[68]

1. Telekrus gab einem, der sich beschwerte, dass sein Vater Übels von ihm rede, die Antwort: „Er würde so nicht reden, wenn er nicht dazu Ursache hätte!"

2. Sein Bruder beklagte sich, dass, obgleich sie Beide von denselben Eltern seien, die Bürger ihn nicht so behandelten, wie jenen, sondern mit mehr Ungunst. „Du weißt aber auch nicht", erwiderte dieser ihm, „Beleidigungen so gut zu ertragen, als ich!"

3. Auf die Frage, warum es in Sparta Sitte sei, dass die Jüngeren vor den Älteren aufstehen, antwortete er: „Damit sie, wenn sie denen, die sie nichts angehen, eine solche Ehre erweisen, ihre Älteren desto mehr ehren!"

4. Ein anderer fragte ihn, wie viel Vermögen er besitze. „Nicht mehr", antwortete er, „als hinreichend ist!"

Charillus.

1. Charillus gab auf die Frage, warum Lykurg so (708) wenige Gesetze gegeben habe, die Antwort: „Weil die, welche wenig reden, auch wenige Gesetze brauchen!"

---

[68] Andere setzen mit Xylander: Teleklus.

2. Es fragte ihn jemand, warum die Mädchen unverhüllt, die Weiber aber verhüllt sich öffentlich zeigten. „Weil", antwortete er, „die Mädchen Männer finden, die Weiber aber die ihrigen erhalten müssen!"

3. Ein Helote hatte sich frech gegen ihn benommen. „Ich hätte dich umgebracht, [sagte er] wenn ich nicht im Zorn wäre!"

4. Auf die Frage, welche Staatsverfassung er für die beste halte, erwiderte er: „Diejenige, in welcher die meisten miteinander als Bürger in der Tugend wetteifern ohne Parteisucht!"

5. Auf die Frage eines andern, warum in Sparta alle Bilder der Götter bewaffnet stehen, gab er die Antwort: „Damit wir nicht schimpfliche Dinge, wie sie von Menschen gesagt werden, aus Feigheit auf die Götter beziehen, noch unsere Jünglinge unbewaffnet zu den Göttern flehen!"

Verschiedene Denksprüche unbekannter Spartaner.

1. Den samischen Gesandten, die eine lange Rede hielten, sagten die Spartaner: „Den Anfang haben wir vergessen, und das Ende nicht verstanden, weil wir den Anfang vergessen hatten!"

2. Den Thebanern, welche in gewissen Dingen ihnen widersprachen, sagten sie: „Ihr müsst entweder bescheidener sein, oder eine größere Macht besitzen!"

3. Ein Lakonier gab auf die Frage, aus welcher Ur-(709)sache er sich den Bart so lang wachsen lasse, die Antwort: „Damit ich, wenn ich auf die grauen Haare sehe, nichts tue, was ihrer unwürdig ist!"

4. Jemand lobte einst die tapfersten Streiter. — „Bei Troja!", fiel ein Lakonier ein, welcher die Rede mit angehört hatte.

5. Ein anderer hörte, dass einige bei der Mahlzeit genötigt wurden, zu trinken. „Sie nötigen sich doch nicht", rief er aus, „auch zum Essen?!"

6. Pindar hatte in seinen Gedichten Athen die Stütze von Hellas genannt. Ein Lakonier sagte deshalb: „Wenn Griechenland auf einer *solchen* Stütze ruht, mag es wohl bald zusammenfallen!"

7. Auf einem Gemälde erblickte jemand Lakonier, welche von den Athenern zusammengehauen wurden, und rief dabei aus: „Die Athener sind doch tapfere Leute!" – „Ja, auf dem Gemälde!" fiel ihm ein Lakonier in die Rede.

8. Ein Lakonier sagte zu einem andern, welcher Verleumdungen gern Gehör gab: „Höre auf, deine Ohren gegen mich herzugeben!"

9. Zu einem, der bestraft wurde, und sich entschuldigte: „Ich habe gegen meinen Willen gefehlt!", rief ein anderer: „Gut, so lass dich nun auch gegen deinen Willen abstrafen!"

10. Ein Lakedämonier sah Menschen im Abtritt auf Stühlen sitzen. „Da möchte ich mich nicht hinsetzen", rief er aus, „wo ich vor einem Älteren nicht aufstehen kann!"

11. Als einst einige Chier, bei ihrer Anwesenheit in (710) Sparta, nach dem Essen auf dem Ephoreum[69] gespien und auf den Stühlen, auf welchen die Ephoren zu sitzen pflegten, ihre Notdurft verrichtet hatten, so stellten die Ephoren anfangs gegen die Täter eine scharfe Untersuchung an, ob es keine Bürger [von Sparta] gewesen wären; als sie aber merkten, dass es Chier gewesen, so ließen sie öffentlich bekannt machen:

---

[69] Versammlungsort der Ephoren auf dem Markte, wo sie ihre beständigen Sitze hatten.

Den Chiern sei es erlaubt, sich ungebührlich zu betragen.

12. Als einer Mandeln in Schalen um doppelten Preis verkaufen sah, rief einer aus: „Sind denn die Steine so rar?"

13. Einer rupfte eine Nachtigall und fand sehr wenig Fleisch. Da rief er aus: „Du bist eine Stimme und sonst weiter nichts!"

14. Ein Lakonier, der den Kyniker Diogenes eine eherne Statue bei einer heftigen Kälte umfassen sah, fragte ihn, ob er denn friere; und als dieser es leugnete, rief er aus: „Nun, was machst du denn dann Großes?"

15. Ein Metapontier[70], welchem ein Lakonier Feigheit vorgeworfen harre, entschuldigte sich mit den Worten: „Wir Metapontier besitzen doch viel fremdes Land!" „Also", erwiderte dieser, „seid ihr nicht bloß feig, sondern auch ungerecht!"

16. Ein Fremder stellte sich einst zu Sparta aufrecht auf den einen Fuß und sagte zu einem Lakonier: „Ich (711) glaube nicht, dass du so lange wie ich auf dem einen Fuß stehen kannst!" – „Das kann ich freilich nicht!", fiel ihm dieser in die Rede, „Aber das kann jede Gans!"

---

[70] Metapontum, eine griechische Stadt in Unteritalien in der Nähe von Tarent.

17. Es machte sich einer groß mit seiner Kunst zu reden: „Wahrhaftig bei den Göttern!" rief ein Lakonier aus, „Eine Kunst, die sich nicht an die Wahrheit hält, ist keine Kunst und wird es nie werden!"

18. Ein Argiver hatte einst behauptet: „Bei uns sind viele spartanische Gräber!" „Aber bei uns", antwortete ein Lakonier, „nicht ein einziges argivisches!" Er wollte damit sagen, die Spartaner seien oftmals bis nach Argos gekommen, die Argiver aber nie bis Sparta.

19. Ein gefangener Lakonier, der verkauft werden sollte, hielt dem Herolde, welcher ausrief: „Ich verkaufe einen Lakonen!", den Mund zu mit den Worten: „Einen Gefangenen musst du ausrufen!"

20. Lysimachus fragte einen von denen, die bei ihm dienten, ob er nicht ein Helote sei: „Glaubst du denn", antwortete dieser, „dass ein Lakonier um deiner vier Obolen willen kommen wird?"

21. Als die Thebaner nach dem Sieg über die Lakedämonier bei Leuktra bis an den Eurotas vordrangen, und einer vor ihnen prahlend ausrief: „Wo sind jetzt die Lakonen?" versetzte ein gefangener Spartaner: „Ja, sie sind nicht da; denn sonst wäret ihr nicht hierher gekommen!"

(712) 22. Als die Athener bei Übergabe ihrer Stadt[71] verlangten, man solle ihnen nur Samos lassen, erhielten sie die Antwort: „Da ihr über euch selbst nicht mehr Herr seid, wollt ihr es noch sogar über andere sein!" Daher kommt auch das Sprichwort: Wer sich selbst nicht hat, will Samos.[72]

23. Als die Lakedämonier eine Stadt im Sturm erobert hatten, sagten die Ephoren: „Jetzt ist die Ringschule für unsere jungen Leute verloren; denn sie haben jetzt keine Gegner mehr!"

24. Eine andere Stadt, die den Lakedämoniern schon oftmals zu schaffen gemacht, versprach ihr König gänzlich zu vertilgen; aber die Ephoren gaben es nicht zu; „Zerstöre sie nicht!", sprachen sie, „Und nimm uns nicht den Wetzstein der jungen Leute hinweg!"

25. Denen, die sich im Ringen übten, gaben sie keine Ringlehrer[73], damit ihr Wetteifer nicht auf die Kunst, sondern auf die Tapferkeit

---

[71] An Lysander, der die Stadt durch eine Belagerung zur Übergabe zwang, gegen das Ende des peloponnesischen Kriegs.

[72] Dieses Sprichwort wurde teils auch von solchen gesagt, die um Kleinigkeiten sich kümmern und darüber das Wichtige vernachlässigen.

[73] Ein Lehrer der Knaben in der Ringkunst; wie dergleichen in den Gymnasien sich gewöhnlich fanden.

gehe. Daher gab auch Lysander auf die Frage, wie Charon[74] ihn besiegt habe, die Antwort: „Durch seine vielerlei Kunstgriffe!"

26. Als Philipp ihr Gebiet betrat, schrieb er ihnen, ob sie wollten, dass er als Freund oder als Feind komme. „Keines von beiden." war ihre Antwort.

27. Als sie erfahren, dass der Gesandte, welchen sie zu Antigonus, dem Sohne des Demetrius geschickt, diesen einen König genannt, so bestraften sie ihn, obschon er bei dem Getreidemangel für einen jeden Spartaner von demselben einen Scheffel Weizen mitbrachte.

28. Als ein schlechter Mensch einen sehr guten Rat gegeben, so nahmen sie diesen zwar an, jedoch ohne den Namen desselben, sondern unter dem Namen eines andern Menschen von unbescholtenem Lebenswandel.

29. Mehrere Brüder lebten in Uneinigkeit miteinander; da straften sie den Vater derselben, weil er seine Söhne im Streite miteinander leben lasse.

---

[74] Ein Thebaner, welcher mit Pelopidas an der Vertreibung der Spartaner aus der Kadmea, der Burg von Theben, Anteil nahm. Statt Lysander ist vielleicht zu setzen Lysanoridas; so hieß nämlich der Befehlshaber in der Burg von Theben.

30. Einem fremden Zitherspieler legten sie eine Strafe auf, weil er mit den Fingern die Saiten anschlage.[75]

31. Zwei Knaben stritten miteinander, von denen der eine dem andern mit einer Sichel eine tödliche Wunde beibrachte. Als ihm nun seine Kameraden, als er am Sterben war, versprachen, ihn zu rächen und den, der ihm den (714) Schlag beigebracht, zu töten; so sprach er zu ihnen: „Bei den Göttern, das tut ja nicht; denn es wäre ungerecht; ich hätte es auch getan, wenn ich ihm zuvorgekommen und tapfer gewesen wäre!"

32. Einem andern Knaben (es war nämlich in Sparta Sitte, zu gewissen Zeiten die freigebornen Knaben stehlen zu lassen, was sie konnten, nur das Ertapptwerden brachte Schande) hatten seine Kameraden einen lebendigen Fuchs, den sie gestohlen, zur Verwahrung übergeben. Als nun die, welchen der Fuchs gehörte, kamen, und ihn suchten, so steckte er ihn unter seinen Mantel und verhielt sich, ungeachtet das Tier wild wurde und seine Seite bis zu den Eingeweiden zerfleischte, dennoch ruhig, bloß, damit er nicht ertappt wurde. Als aber jene weggegangen waren und die Knaben sahen, was geschehen war, machten sie ihm Vor-

---

[75] Um dadurch sanftere Töne hervorzubringen. Die Spartaner betrachteten dies als eine Änderung in der hergebrachten alten Weise, welche darum, wie jede andere Veränderung, unzulässig und strafbar sei.

würfe, indem es doch besser gewesen wäre, den Fuchs sehen zu lassen, als ihn mit Lebensgefahr zu verbergen. „Mitnichten!", versetzte er; „Denn es ist besser, unter den Schmerzen zu sterben, als sich ertappen zu lassen und sich aus Weichlichkeit ein schimpfliches Leben zu erhalten!"

33. Einige Reisende trafen mit mehreren Lakoniern auf dem Wege zusammen. „Ihr könnt von Glück sagen, sprachen jene; denn eben ist eine Räuberbande weggezogen!" „Wir gewiss nicht"[76], antworteten sie, „sondern diese [die Räuber], dass sie uns nicht begegnet sind!"

(715) 34. Ein Lakonier gab auf die Frage, was er verstehe, die Antwort: „Ein Freier zu sein!"

35. Ein spartanischer Knabe, welcher von dem König Antigonus gefangen und verkauft worden war, bewies sich gegen seinen Herrn, der ihn gekauft, in allem Übrigen folgsam, sobald er glaubte, dass es auch ein Freier tun könne. Als ihm aber sein Herr befahl, einen Nachttopf zu bringen, so konnte er sich nicht dazu entschließen. „Ich will kein Sklave sein!", sprach er, und als jener darauf drang, stieg er auf das Dach und stürzte sich mit den Worten: „Du sollst erfahren, was du gekauft!"[77] vom Dach herunter, sodass er starb.

---

[76] Im Text: Bei dem Enyalius (d. i. dem Kriegsgotte)

[77] Richtiger vielleicht, wie Wyttenbach vorschlägt: „Du sollst nun den Profit von deinem Kauf haben!"

36. Zu einem andern, der verkauft werden sollte, sagte jemand: „Wirst du auch brauchbar sein, wenn ich dich kaufe?" – „Auch wenn du mich nicht kaufst!", versetzte er.

37. Ein anderer Gefangener, bei dessen Verkauf der Herold bemerkte, er verkaufe einen Sklaven, rief aus: „Du Verruchter, warum willst du nicht sagen, einen Gefangenen?!"[78]

38. Ein Lakonier hatte auf seinem Schild als Abzeichen eine Fliege und zwar in ihrer natürlichen Größe. Als ihn darum einige auslachten und behaupteten, er habe dies getan, um verborgen zu bleiben, gab er ihnen zur (716) Antwort: „Nein, vielmehr damit man mich sieht; denn so nahe will ich zu den Feinden treten, dass sie sehen können, wie groß das Abzeichen [auf meinem Schilde] ist!"

39. Ein anderer rief, als man bei einem Gastmahl eine Lyra herbeibrachte, aus: „Solche Tändeleien treiben, ist nicht lakonisch!"

40. Ein Spartaner gab auf die Frage, ob der Weg nach Sparta sicher sei, die Antwort: „Je nachdem du herbeikommst; denn die Löwen halten wir ab, zu kommen, die Hasen aber jagen wir in ihrem Lager!"

---

[78] Fast gleichlautend mit 19.; so gedankenlos kompiliert, oder so interpoliert ist diese Anekdotensammlung.

41. Beim Ringen wurde einer am Halse gefasst und auf die Erde herabgezogen; da er nun seinen Körper nicht mehr halten konnte[79], so biss er dem andern in den Arm, und als dieser zu ihm sagte: „O Lakonier, du beißest wie die Weiber!", antwortete er: „Keineswegs [wie die Weiber], sondern wie die Löwen!"

42. Ein Lahmer, welcher in den Krieg ziehen wollte und deshalb ausgelacht wurde, sagte [zu den andern]: „Man braucht nicht solche, die davonlaufen, sondern solche, die auf ihrem Posten stehen bleiben!"

43. Ein anderer, der von einem Bogenschusse getroffen war, sagte, als er am Verscheiden war: „Daran liegt mir nichts, dass ich sterbe, wohl aber daran, dass ich sterbe (717) durch einen weibischen Bogenschützen und ohne etwas [selbst] getan zu haben!"

44. Es kehrte einer einst in einem Wirtshause ein und gab dem Wirte seine Zukost[80], damit er sie ihm bereite. Als nun dieser auch Käse und Öl verlangt, rief er aus: „Ei wozu hätte ich eine Zukost nötig, wenn ich Käse hätte?"

---

[79] Mehr dem Sinn als den Worten nach wiedergegeben. Die Stelle bleibt immer dunkel - Oben wurden diese Worte dem Alkibiades zugeschrieben.

[80] Alles, was man außer dem Brot genießt.

45. Als jemand den Ägineten Lampis wegen seines großen Reichtums, der in dem Besitze vieler Kauffahrteischiffe bestand, glücklich pries, erwiderte ein Lakonier: „Ich achte nicht auf eine solche Glückseligkeit, welche von Tauen und Stricken abhängt!"

46. Ein Lakonier entschuldigte sich bei einem andern, der ihm eine Lüge vorwarf, mit den Worten: „[Wir dürfen das tun], denn wir sind Freie; die andern hingegen, wenn sie nicht die Wahrheit reden, müssen dafür büßen!"

47. Es versuchte einer, einen Leichnam aufrecht zu stellen; als es ihm aber, ungeachtet aller Anstrengung, nicht gelang, rief er aus: „Beim Zeus, es muss inwendig etwas sein!"

48. Tynnichus ertrug den Tod seines Sohnes Thrasybulus mit vieler Stärke; man hat auf ihn folgendes Epigramm:[81]

Atemlos auf dem Schilde gen Pitana kam Thrasybulus,

Sieben der Wundenmal' offen in offener Brust

Zeigend argivischer Speere. Den blutigen legt' auf den Holzstoß

Vater Tynnichos dann redete, also der Greis:

„Feiglinge soll man klagen, o Kind; dich aber begrab' ich

---

[81] In der Griechischen Anthologie findet sich das Epigramm unter dem Namen des Dioskorides

49. Als auf den Athener Alkibiades ein Bader sehr viel Wasser schüttete, sagte ein Lakonier: „Ist denn der nicht rein, sondern so schmutzig, dass jener mehr Wasser auf ihn gießt, [als auf andere]?"

50. Als Philipp in das lakonische Gebiet eingefallen war und hier alles verloren schien, sagte er zu einem von den Spartanern: „Was wollt ihr Lakedämonier nun anfangen?" „Nichts anderes", erwiderte dieser, „als dass wir mutig sterben; denn wir allein unter den Hellenen haben gelernt frei zu sein und anderen nicht zu gehorchen!"

51. Als nach der Niederlage des Agis Antipater fünfzig Knaben zu geißeln verlangte, so erklärte Eteokles, einer der Ephoren: Die Knaben könnten sie nicht geben, weil diese sonst in der Erziehung vernachlässigt, der väterlichen Sitte unkundig blieben und dann auch keine Bürger werden könnten; sie seien indes bereit; wenn er es zufrieden sei, die doppelte Zahl an Greisen oder Weibern zu liefern. Als darauf jener schwere Drohungen ergehen ließ, wenn er die Knaben nicht erhielte, so gaben sie ihm einmütig zur Antwort: „Wenn du uns etwas Härteres auferlegst, als den Tod, so würde uns der Tod umso leichter werden!"

52. Ein Greis, der den olympischen Spielen zusehen wollte, konnte keinen Sitz finden; er

ging an vielen Orten herum und wurde überall mit Hohn und Spott empfangen, (719) ohne dass ihn jemand aufnahm. Als er aber zu den Lakedämoniern kam, erhoben sich alle Knaben und viele Männer und machten ihm Platz, alle Hellenen aber gaben durch Händeklatschen und große Lobeserhebungen ihren Beifall über dieses Betragen zu erkennen; der Greis indes,

Schüttelnd sein grauendes Haupt und die graulichen Haare des Bartes,[82]

brach unter Tränen in die Worte aus: „O des Unglückes, die Hellenen wissen zwar alle, was schön ist, aber die Lakedämonier allein üben es!" Einige erzählen, dass zu Athen derselbe Vorfall sich zugetragen. Am Feste der Panathenäen nämlich kam ein alter Mann, den die Athener mit Spott behandelten, indem sie ihn erst aufforderten, als wollten sie ihn zu sich nehmen, und dann, wenn er sich nähere, nicht zu sich ließen, nachdem er fast an allen vorbeigegangen, zu den lakedämonischen Gesandten, die sämtlich von ihren Sitzen aufstanden und ihm Platz machten. Das Volk, voll Freude über diesen Vorfall, klatschte unter vielen Zeichen seines Beifalls; einer der Spartaner aber sprach: „Bei den Göttern, die Athener wissen zwar, was schön ist, aber sie tun es nicht!"

---

[82] Vergl. Homer Il. XXII, 74.

53. Ein Bettler sprach einst einen Lakonier an: „Wenn ich dir etwas gebe", versetzte dieser, „so wirst du noch mehr betteln; denn an dieser deiner Unverschämtheit ist der schuldig, der dir zuerst ein Almosen gegeben und dich dadurch zum Müßiggänger gemacht hat!"

54. Ein Lakonier bemerkte einen Menschen, der für (720) die Götter um Almosen[83] bat. „Um *solche* Götter", rief er aus, „bekümmere ich mich nicht, die noch ärmer sind als ich!"

55. Jemand fand bei einer hässlichen Frau einen Ehebrecher. „Du armseliger Mensch!", rief er aus, „Welche Not brachte dich dazu?"

56. Ein anderer, welcher einen Rhetor sich in großen Sätzen drehen und wenden hörte, sagte: „Bei den Göttern! Der Mensch zeigt Mut, dass er seine Zunge *um nichts* so wacker herumdreht!"

57. Als ein Fremder nach Lakedämon kam und dort die Ehrenbezeugungen sah, welche die Jüngeren den Älteren erwiesen, so rief er aus: „In Sparta allein verlohnt es sich, alt zu werden!"

---

[83] Man hat hier an die sogenannten Agyrten oder Metragyrten zu denken. Priester der asiatischen Kybele, die als Landstreicher und Bettler in Griechenland herumzogen.

58. Ein Lakonier gab auf die Frage, was Tyrtäus für ein Dichter sei, zur Antwort: „Er versteht es, den Mut der Jünglinge zu beleben!"

59. Ein anderer, der an den Augen litt, zog dessen ungeachtet ins Feld mit; und als man ihm Vorstellungen machte: „Wo willst du in diesem Zustande hingehen, oder was willst du so tun?" antwortete er: „Auch wenn ich nichts weiter tue, so kann ich doch das Schwert des Feindes abstumpfen!"

60. Buris und Spertis, zwei Lakedämonier, gingen freimütig zu Xerxes, dem Könige der Perser, um der Strafe sich zu unterwerfen, welche Lakedämon nach dem Ausspruche des Orakels schuldig war, weil es die von dem (721) Perserkönig an sie geschickten Herolde getötet hatte. Wie sie nun zu Xerxes gekommen waren und ihn baten, sie, für die Lakedämonier, auf welche Weise er wollte, hinzurichten, so entließ jener, voll Verwunderung, die Männer und bat sie, bei ihm zu bleiben. „Wie könnten wir", gaben diese zur Antwort, „hier leben; Vaterland und Gesetze verlassend und die Männer, für welche zu sterben, wir einen solchen Weg gekommen sind?!" Als nun der Feldherr, Hydarnes, noch mehr in sie drang und ihnen versprach, dass sie gleiche Ehre mit den ersten Freunden des Königs erhalten sollten, erwiderten sie: „Du scheinst wohl nicht zu wissen, welch ein Gut die Freiheit ist, die kein verständi-

ger Mann um das persische Königreich hingeben würde!"

61. Ein Lakonier, vor welchem sein Gastfreund am ersten Tage sich verleugnen ließ[84] und dann am folgenden Tage, nachdem er sich Polster erborgt, ihn auf das prächtigste empfing, trat auf die Polster und zertrat sie: „Deswegen habe ich", rief er aus, „gestern nicht einmal auf einer Strohdecke geschlafen!"

62. Ein anderer kam nach Athen und sah dort die einen gesalzene Fische und andere Speisen öffentlich feilbieten, die andern Zölle eintreiben, Bordelle halten und andere unanständige Dinge treiben, ohne dass sie etwas davon für schimpflich hielten. Als er nun bei seiner Rückkehr von einigen Bürgern gefragt wurde, wie es in Athen herginge, gab er die Antwort: „Dort ist alles schön!", er wollte damit auf eine spöttische Weise zu ver-(722)stehen geben, dass in Athen alles für schön (und anständig) und nichts für schimpflich angesehen werde.

63. Ein anderer antwortete auf eine Frage über irgendeinen Gegenstand: „Nein!", als aber der andere, der ihn gefragt, entgegnete: „Du lügst!", erwiderte er: „Siehst du, welch ein Tor du bist, da du über Dinge fragst, die du weißt!"

---

[84] Und ihn mithin nicht beherbergte.

64. Einige Lakedämonier waren einst als Gesandte zum Tyrannen Lygdamis[85] gekommen; als aber dieser die Audienz von einem Tag auf den andern verschob und zuletzt sich mit einer Unpässlichkeit entschuldigte, sprachen die Gesandten: „Man melde ihm, dass wir wahrhaftig nicht gekommen sind, um mit ihm zu ringen, sondern mit ihm zu sprechen!"

65. Einen Lakonier fragte der Priester, der ihn in die Mysterien einweihen sollte, was die gottloseste Tat sei, die er sich bewusst sei, verübt zu haben: „Das wissen die Götter!" antwortete dieser; und als jener noch mehr in ihn drang und ihm vorstellte, er müsste durchaus es sagen, so erwiderte ihm der Lakonier: „Wem muss ich es sagen, dir oder der Gottheit?" „Der Gottheit!", versetzte der Priester. „Nun gut", sprach jener, „so trete du ab [und lass mich allein]!"[86]

66. Ein anderer, der bei Nacht an einem Grabmale vorbeiging, glaubte ein Gespenst zu erblicken und ging mit aufgehobenem Speer darauf los. „Wohin, o Seele, fliehst (723) du vor mir?!", rief er aus, danach stoßend: „Willst du zum zweiten Mal sterben?"

---

[85] Es kommen Tyrannen dieses Namens zu Halikarnassus in Karien vor, desgleichen auf der Insel Naxos.

[86] Auch diese Anekdote wird, wie mehrere andere, zum zweiten Mal aufgeführt.

67. Ein anderer hatte das Gelübde getan, sich von dem leukatischen Felsen[87] herabzustürzen, kehrte aber, als er hinaufgestiegen war, wieder um, da er die Höhe erblickt. Als man ihm dies nun vorhielt, sagte er: „Ich dachte nicht, dass dieses Gelübde ein anderes weit größeres voraussetzt!"

68. Ein anderer war im Begriff, in der Schlacht seinen Feind mit dem Schwerte niederzuhauen, als das Zeichen zum Rückzuge gegeben wurde. Da führte er seinen Schlag nicht aus, und als ihn jemand fragte, warum er den Feind, den er in seiner Gewalt hatte, nicht getötet, rief er aus: „Es ist besser, dem Anführer zu gehorchen, als zu morden!"

69. Zu einem Lakedämonier, welcher in den olympischen Spielen besiegt wurde, sagte jemand: „Der Gegner war dir überlegen!" „Mitnichten!", entgegnete der Lakonier, „Er war nur geschickter im Niederwerfen!"

---

[87] Das bekannte Vorgebirge auf der Insel oder Halbinsel Leukas (Santa Maura), einer der ionischen Inseln, von welcher nach dem Vorgang der Sappho unglücklich Liebende sich ins Meer hinabzustürzen pflegen.

Alte Gebräuche der Lakedämonier.[88]

1. Jedem, welcher zu den Syssitien hereintrat, zeigte (724) der Älteste die Türe mit den Worten: „Durch diese geht kein Wort hinaus!"

2. Am meisten war bei ihnen die sogenannte schwarze Suppe beliebt, sodass die Älteren gar kein Fleisch verlangten, sondern es den Jüngeren überließen. Deswegen, erzählt man, kaufte sich Dionysius, der Tyrann von Sizilien, einen lakonischen Koch und gab ihm auf, eine solche Suppe für ihn zu bereiten und keine Kosten dabei zu sparen. Als er sie aber versucht, spie er sie vor Ekel wieder aus. „O König!", versetzte darauf der Koch, „Nur wenn einer auf lakonische Weise sich geübt und im Eurotas gebadet hat, muss er diese Suppe essen!"

3. Die Lakedämonier, wenn sie bei den Syssitien mäßig getrunken, pflegten ohne Leuchte nach Hause zu gehen; denn es ist ihnen verboten, bei diesem oder irgendeinem Gang sich einer Leuchte zu bedienen, damit sie sich gewöhnen, bei Nacht oder Dunkel herzhaft und unerschrocken ihren Weg zu nehmen.

---

[88] Hauptsächlich aus Lykurgs Biographie ist diese Sammlung entnommen.

4. Lesen und Schreiben lernten sie nur zur Notdurft; alle übrigen Wissenschaften waren, gleichsam als Fremdlinge, verbannt; denn aller Zweck der Erziehung war Gehorsam gegen die Oberen, Ausdauer in Anstrengungen, Sieg im Kampf oder Tod.

5. Sie pflegten kein Unterkleid zu tragen und *einen* (725) Mantel für das ganze Jahr zu nehmen; auch sah man an ihrem Schmutze, dass sie meistens des Bades und der Salbe entbehrten.

6. Die Jünglinge schliefen beisammen, nach ihren Abteilungen und Rotten, auf einer Streu, welche sie selbst zusammentrugen, und dazu die Kolben des Schilfs, der am Eurotas wächst, ohne Messer mit den Fingerspitzen knicken mussten. Im Winter legten sie die sogenannten Lykophonen[89] unter und vermengten sie mit dem Rohre, weil man dieser Pflanze eine erwärmende Eigenschaft zuschrieb.

7. Knaben von vorzüglichen Anlagen zu lieben, war erlaubt; mit ihnen aber einen [unzüchtigen] Umgang zu haben, galt für schimpflich, indem man dann den Körper liebe und nicht die Seele. Wer eines solchen Umgangs mit einem Knaben bezüchtigt wurde, war sein ganzes Leben hindurch ehrlos.

---

[89] Eine Art von Disteln, wie es scheint.

8. Auch war es Sitte, dass die Jüngeren von den Älteren gefragt wurden, wo sie hingingen und in welcher Absicht; wer keine Antwort geben konnte, oder einen Vorwand ersann, erhielt einen Verweis, und wer einen in seiner Gegenwart begangenen Fehler nicht rügte, verfiel in dieselbe Strafe wie der, welcher ihn begangen; auch der, welcher über einen Verweis unwillig war, kam in große Schande.

9. Wenn einer auf einem Vergehen ertappt wurde, so musste er um einen Altar in der Stadt rings herum gehen und ein, auf ihn selbst verfasstes, tadelndes Lied sin-(726)gen; dies war eben nichts anderes, als sich selbst einen Verweis geben.

10. Die jungen Leute mussten nicht bloß ihre eigenen Eltern ehren und ihnen gehorsam sein, sondern allen Älteren Achtung erweisen, ihnen aus dem Wege gehen und vor ihnen aufstehen, so wie in ihrer Gegenwart sich ruhig verhalten. Deshalb führte auch jeder, nicht wie in den übrigen Städten, bloß über seine eignen Kinder, Sklaven und Besitztümer, die Aufsicht, sondern auch über die der Nachbarn, wie über das Seinige; damit sie nämlich, so weit es möglich sei, alles für gemeinschaftlich hielten und dafür, wie für das Eigene, sich bekümmerten.

11. Wenn ein Knabe, der von jemand gezüchtigt worden, es seinem Vater erzählte, so war

es für diesen schimpflich, wenn er ihn angehört und ihm nicht eine zweite Tracht Schläge dazu gegeben, denn sie trauten sich wegen ihrer eigenen Erziehung zu, dass man Kindern nichts Schimpfliches anbefehlen werde.

12. Sie stahlen auch Speisen, so viel sie konnten und erwarben sich dabei große Gewandtheit, den Schlaf oder die Nachlässigkeit der Wächter zu benutzen. Wer sich ergreifen ließ, musste mit Schlägen und Hunger büßen. Denn ihr Mahl war karg, damit sie durch das Bedürfnis des Magens genötigt würden, für sich selbst durch kühne und schlaue Unternehmungen zu sorgen.

13. Das war der Hauptzweck ihrer schmalen Kost, die auch darum so einfach war, damit sie nie an Überladung (727) sich gewöhnten, sondern den Hunger aushalten könnten; denn sie glaubten, im Kriege mehr Nutzen zu haben, wenn sie, selbst ohne gegessen zu haben, Strapazen aushalten, so wie auch mäßiger und enthaltsamer zu werden, wenn sie längere Zeit mit Wenig auskommen könnten; auch sollten sie sich gewöhnen, Mangel besserer Kost zu ertragen und mit jeder Speise vorlieb zu nehmen; weil sie glaubten, dass eine solche Lebensweise den Körper gesünder mache und, ohne ihn in die Tiefe und Breite zu pressen, in die Höhe treibe, und die Schönheit befördere; denn ein magerer und schlanker Körper füge sich eher der Ausbildung der Glieder, als ein wohlge-

nährter, welcher wegen seiner Schwere ihr widerstrebe.

14. Mit nicht geringerer Sorgfalt sahen sie auf Lieder und Gesänge; welche die Kraft hatten, Mut und edle Gesinnung zu erwecken, Begeisterung und Drang zu Taten zu entzünden. Die Sprache darin war einfach und ungeziert, ihr Inhalt meist vom Lobe derer, die edel gelebt, die für Sparta gefallen und deshalb glücklich gepriesen wurden, so wie vom Tadel der Feigen, und dem Jammer und Elend ihres Lebens, oder auch Aufmunterung zur Tugend und Tugendlob nach den verschiedenen Altersstufen.

15. Drei Chöre waren nach den drei Altersstufen bei (728) ihren Festen gebildet. Dann begann der Chor der Alten zu singen:

Wir waren Männer einst voll Mut und Tapferkeit.

Hierauf erwiderte der Chor der rüstigen Männer:

Wir sind es, hast du Lust, so komm heran, es gilt.

Dann sang der dritte Chor der Knaben:

Wir werden einst es sein, noch zehnmal tapferer.

16. Auch der Takt des Marsches, den sie bei den Chören beobachteten und beim Ausrücken gegen die Feinde auf der Flöte sich vorspielen ließen, war geeignet, Mut, Unerschrockenheit und Verachtung des Todes zu erwecken. Lykurg nämlich hatte mit der Kriegsübung die Liebe zur Musik verbunden, damit die zu große Hitze im

Kampfe, durch die Musik gemäßigt, eine gewisse Harmonie und Gleichförmigkeit gewinne. Deshalb opferte auch der König im Felde vor der Schlacht den Musen, damit die Kämpfenden denkwürdige und rühmlicher Erinnerung werte Taten vollbringen möchten.

17. Wollte aber einer an der alten Musik etwas ändern, so duldeten sie es nicht; den Terpander[90], einen der älteren Kitharöden, den vorzüglichsten zu seiner Zeit, der die Taten der Heroen besang, straften sogar die Ephoren dessenungeachtet, nahmen ihm seine Lyra und hingen sie öf-(729)fentlich auf, weil er der Abwechslung des Tones wegen, nur eine einzige Saite mehr aufgezogen hatte. Denn nur die einfacheren Melodien sagten ihnen zu. Als Timotheus an dem Feste der Karneen[91] auftrat, so fragte ihn einer der Ephoren, mit dem Messer in der Hand, auf welcher von beiden Seiten er abschneiden sollte was über die sieben Saiten sei.

---

[90] Berühmter lyrischer Dichter und Musiker aus Lesbos, welcher zufolge eines Orakels nach Sparta berufen war, um dort einen Aufruhr zu stillen, was ihm auch gelang.

[91] Die Karneen wurden zu Ehren des Apollo in mehreren griechischen Städten, am feierlichsten aber zu Sparta gefeiert, neun Tage lang, während welcher auch musikalische Wettkämpfe unter Sängern und Musikern stattfanden, in denen einst Terpander den Sieg errungen haben soll. Über den Grund der Benennung des Festes lauten die Angaben verschieden.

18. In Ansehung der Begräbnisse, entfernte er allen Aberglauben, indem er erlaubte, die Toten in der Stadt zu beerdigen und ihre Grabmale nahe an die Tempel zu setzen. Dann hob er alle Verunreinigungen auf[92] und ließ nichts mit ins Grab legen, sondern alle auf gleiche Weise in ein rotes Tuch auf Ölblätter gelegt, bestatten. Auch die Inschriften auf den Grabmalen verbot er, ausgenommen bei denen, welche im Krieg gefallen waren; ingleichen die Trauer und das Weinen.

19. Es war ihnen nicht erlaubt, zu reisen, damit sie nicht fremde Sitten und eine unordentliche Lebensweise annehmen möchten:

(730)   20. Auch war die Verbannung aller Fremden angeordnet, damit diese nicht, wenn sie sich eingeschlichen, die Bürger irgendetwas Schlechtes lehren möchten.

21. Jeder Bürger, der die eingeführte Erziehung von Jugend an nicht ausgehalten, war von allen bürgerlichen Rechten ausgeschlossen.

22. Einige behaupten auch, dass jeder Fremde, welcher diesen Einrichtungen des Staats sich unterwarf, nach dem Willen Lykurgs an der von Anfang an gemachten Verteilung seinen Anteil hatte; nur durfte er ihn nicht verkaufen.

---

[92] Die Alten glaubten, die Berührung, Nähe usw. eines Toten verunreinige.

23. Es war der Sitte gemäß, sich im Notfalle der Sklaven des Nachbars, wie seiner eigenen, zu bedienen, desgleichen der Hunde und Pferde, wenn nicht der Eigentümer ihrer bedurfte. Und wenn einer auf dem Felde irgendeine Sache nötig hatte, so öffnete er den Vorrat des nächsten Besten, nahm davon und versiegelte die Vorratskammer dann beim Weggehen.

24. Im Kriege pflegten sie rote Mäntel zu tragen, teils, weil diese Farbe etwas Männliches zu haben schien, teils auch, weil sie durch ihre Ähnlichkeit mit dem Blut, Unerfahrenen größere Furcht beibringe; überdem hatten sie dabei den Vorteil, von den Feinden nicht leicht erkannt zu werden, wenn einer von ihnen eine Wunde erhalten, sondern durch die gleiche Farbe verborgen zu bleiben.

25. So oft sie durch eine Kriegslist die Feinde besiegen, opfern sie dem Mars einen Ochsen; gewinnen sie aber einen Sieg im offenen Felde, einen Hahn; so gewöhnen sie ihre Anführer, nicht bloß kriegerisch, sondern auch erfinderisch in Kriegslist zu sein.

(731)   26. Bei ihren Gebeten setzen sie noch den Wunsch hinzu, Beleidigungen ertragen zu können.

27. Ihr Gebet besteht darin, dass sie die Götter um Gutes für ihre guten Handlungen[93] bitten, sonst um nichts weiter.

28. Sie verehren die Venus bewaffnet, und stellen alle Götter und Göttinnen mit Speeren gerüstet dar, um anzudeuten, dass alle die kriegerische Tapferkeit besitzen.

29. Im Sprichworte pflegen sie auch wohl zu sagen: Wer die Hand anlegt, muss das Glück anrufen: Indem man die Götter nur dann anrufen soll, wenn man etwas anfängt oder unternimmt, sonst aber nicht.

30. Ihren Kindern zeigten sie die Heloten trunken, um sie dadurch vom Hange zum Trinken abzuhalten.

31. Es war bei ihnen Sitte, nicht an der Haustüre zu pochen, sondern von außen zu rufen.

32. Sie bedienten sich keiner Striegel von Eisen, sondern von Rohr.

33. Komödien und Tragödien hörten sie nicht an, um weder im Ernst noch im Scherz etwas zu hören, was den Gesetzen entgegen sei.

34. Als der Dichter Archilochus in Sparta angekommen, so jagten sie ihn in derselben Stun-

---

[93] In einem andern Sinn ist dieser Ausspruch von denen genommen worden, die ihn übersetzen: „Das Schöne zu dem Guten!"

de wieder fort, (732) weil sie erfahren, dass er in einem seiner Gedichte behauptet, es sei besser, die Waffen wegzuwerfen, als zu sterben:

Über den Schild siegpranget ein Saier[94], welchen im Strauchwerk

Dort, die untadliche Wehr, ohne Verschulden ich ließ.

— — — — —[95] Hinfahre der Schild denn

Immer, ein schlecht'rer nicht soll mir bald bewaffnen den Arm.

35. Jünglinge und Jungfrauen hatten gemeinschaftliche Feste.

36. Den Skiraphidas straften die Ephoren, weil er sich von Vielen hatte Beleidigungen gefallen lassen.[96]

37. Einen Sackträger töteten sie, weil er einen Purpurstreif auf seinen Sack gesetzt hatte.

38. Einem Jüngling aus dem Gymnasium gaben sie einen Verweis, weil er den Weg nach Pyläa[97] wusste.

---

[94] Die Saier, eine thrakische Völkerschaft.

[95] Die hier von Plutarch weggelassenen Worte sind: „Aber ich selbst entkam doch dem Tod!" (nach Weber: „Die elegischen Dichter der Griechen I, 11.)

[96] Dies scheint mir mit der Nr. 26 erwähnten Sitte in Widerspruch. Die Stelle scheint verdorben oder lückenhaft.

39. Den Ktesiphon, der sich rühmte, über einen beliebigen Gegenstand einen ganzen Tag reden zu können, jagten sie aus der Stadt, indem sie sagten, ein guter Redner müsste seinen Vortrag dem Gegenstande gleich halten.

40. Die Knaben, welche bei ihnen einen ganzen Tag hindurch am Altar der Diana Orthia[98] mit Geißeln gehauen werden, halten oft bis zum Tod aus, heiter und vergnügt, um den Sieg miteinander streitend, wer von ihnen mehr Hiebe und anhaltender aushalten könne. Denn der, welcher siegt, gewinnt den größten Ruhm. Man nennt diesen Wettkampf Diamastigosis [Geißelung um die Wette], und es findet derselbe jedes Jahr statt.

41. Einer der herrlichen und beneidenswerten Vorzüge, welche Lykurg seinen Mitbürgern

---

[97] Bei Delphi, wo die Amphiktyonen zusammen kamen und über Griechenlands Angelegenheiten sich verrieten, aber auch sonst viele unnütze Menschen zusammen kamen, Schwätzer, politische Kannengießer u. dergl. m. Daher auch jeder andere Ort, wo solche Leute zu solchen Zwecken zusammen kamen, und endlich solch gehaltloses Schwätzen und Treiben selbst mit dem Ausdrucke Pyläa bezeichnet wird.

[98] Diana wurde besonders als Orthia oder Orthosia zu Sparta verehrt, vordem selbst mit Menschenopfern, wie die taurische Diana. Dass ihr Dienst auch in der Folge, wenngleich gemildert, doch noch immer hart und rau war, mit den Spuren früherer Grausamkeit, beweist die hier erwähnte und auch von andern Schriftstellern berichtete Sitte. Vergl. Leben des Lykurg Kap. 18 (XIV, 149).

verschaffte, war, dass sie reichliche Muße hatten, da überhaupt jedes Handwerk ihnen untersagt war, und der Gelderwerb, welcher mit mühevollem Sammeln und unruhiger Geschäftigkeit verbunden ist, ganz entbehrlich war, indem der Reichtum allen Wert und alles Ansehen verloren hatte. Die Heloten bebauten das Land und entrichteten die ihnen von Anfang (734) an auferlegte Abgabe. Es stand aber ein Fluch darauf, wenn jemand seine Ländereien höher verpachtete; damit jene etwas gewinnen und umso lieber ihnen dienen möchten, die andern aber [die Eigentümer] nicht mehr von ihnen verlangten.

42. Es war ihnen verboten, Schifffahrt zu treiben und Seekriege zu führen. In der Folge jedoch kämpften sie auch zur See und erlangten selbst die Herrschaft zur See; traten sie aber wieder ab, als sie bemerkten, dass die Sitten der Bürger dadurch verdorben wurden. Aber auch darin, wie in allem andern, trat nachher eine Veränderung ein; denn so wurden z. B. die, welche Geld nach Sparta sammelten, vordem mit dem Tode bestraft, weil den Königen Alkamenes und Theopompus ein Orakelspruch bedeutet hatte, Geldsucht werde Sparta zugrunde richten. Als aber Lysander nach der Eroberung von Athen, eine Menge Gold und Silber in die Stadt brachte, ward er mit Beifall und unter Ehrenbezeugungen aufgenommen. So lange Sparta an die Gesetze Lykurgs

sich hielt und seinem Eide[99] treu blieb, behauptete es sich als die erste Stadt in Griechenland an fünfhundert Jahre, sowohl durch seine guten Gesetze, als durch sein Ansehen. Als es aber allmählich davon abwich, als Liebe zum Reichtum und Habsucht sich einschlich, geriet auch seine Macht in Abnahme und deswegen (735) wurden ihnen die Verbündeten abgeneigt. Indes, ungeachtet dieses Zustandes, waren, als nach der Schlacht bei Chäronea alle Hellenen den siegreichen König der Makedonier, Philipp, und dann nach der Zerstörung Thebens, seinen Sohn Alexander zum Feldherrn zu Wasser und zu Land ausgerufen hatten, die Lakedämonier die einzigen, welche, obschon sie eine Stadt ohne Mauern hatten und selbst gering an Zahl durch die anhaltenden Kriege noch mehr geschwächt, also umso leichter zu bezwingen waren, bloß dadurch, dass sie noch einen schwachen Funken der lykurgischen Gesetzgebung erhalten hatten, weder an den Kriegen des Philipp und Alexander, noch an den Kriegen ihrer Nachfolger in Makedonien Anteil nahmen, noch zur gemeinsamen Versammlung kamen, oder einen Tribut entrichteten; bis dass sie, gänzlich über die Gesetzgebung des Lykurg sich wegsetzten und

---

[99] Die Spartaner hatten dem Lykurg geschworen, seine Gesetze bis zu seiner Rückkehr von Delphi zu beobachten. Aber er kehrte nicht mehr von Delphi wieder zurück, indem er freiwillig den Hungertod litt. S. Lykurgs Leben Kap. 29 (XIV, 167).

unter die Tyrannei ihrer eigenen Mitbürger gerieten, ohne etwas von der alten Lebensweise beizubehalten. So wurden sie gleich den andern [Hellenen], und kamen mit dem Verlust ihres früheren Ruhms und ihrer Freiheit, in die Sklaverei und wurden nun, wie die übrigen Hellenen, den Römern untertan.

Denksprüche einiger Spartanerinnen.[100]

Argileonis.

Argileonis, des Brasidas Mutter, wurde nach dem Tod ihres Sohnes[101], von einigen Männern aus Amphi-(736)polis, die nach Sparta gekommen waren, besucht. Auf ihre Frage, ob ihr Sohn rühmlich und Spartas würdig gestorben sei, erteilten diese ihm großes Lob und versicherten, er sei in solchen Dingen der Erste unter allen Lakedämoniern gewesen. „Ihr Fremdlinge!", gab sie ihnen zur Antwort, „Mein Sohn war allerdings tapfer und brav, aber Lakedämon hat noch viele Männer, welche noch tapferer sind als er!"

Gorgo.

1. Aristagoras aus Milet verlangte von dem Könige Kleomenes Beistand für die ionischen Griechen gegen die Perser und versprach ihm eine große Summe Geldes, zu der er immer mehr hinzulegte, je mehr dieser widersprach. „Mein Vater!", rief Gorgo, die Tochter des Kö-

---

[100] Auch von dieser Sammlung gilt dasselbe; was von der ähnlichen vorhergehenden.

[101] Brasidas war im Kampfe mit Kleon der Amphipolis in Makedonien (jetzt Emboli) gefallen. Dieselben Anekdoten auch unter den Denksprüchen der Könige, unter Brasidas.

nigs, aus, „Der Fremdling wird dich verderben, wenn du ihn nicht bald aus dem Hause schaffst!"

2. Ihr Vater trug ihr einst auf, einem Menschen Getreide zum Lohn zu geben; „Denn", setzte er hinzu, „dieser hat mich gelehrt, den Wein schmackhaft zu machen." „O Vater!", versetzte sie, „Nun wird nur desto mehr Wein aufgehen und die, welche trinken, werden weichlicher und dadurch schlechter werden!"

3. Als sie sah, dass Aristagoras sich von einem Sklaven die Schuhe anziehen ließ, sagte sie: „Mein Vater, der Fremde hat keine Hände!"

4. Einen Fremden, der auf eine umständliche Weise (737) seinen Mantel anlegte, stieß sie von sich mit den Worten: „Gehe sogleich von hier weg, da du nicht einmal das verstehst, was ein Weib versteht!"

Gyrtias.

1. Akrotatus, der Tochtersohn der Gyrtias, hatte einst im Streite mit einem Knaben viele Wunden erhalten und wurde wie tot nach Hause gebracht. Als nun die Hausgenossen und Freunde weinten, gebot Gyrtias ihnen zu schweigen; „Denn", setzte sie hinzu, „er hat gezeigt, von welchem Blut er ist; brave Leute sollen nicht schreien, sondern sich heilen lassen!"

2. Als aus Kreta ein Bote mit der Nachricht von dem Tode des Akrotatus ankam, so sprach sie: „Sollte er denn nicht gegen die Feinde ziehen, um entweder selbst zu sterben, oder jene zu töten? Lieber aber ist es mir zu hören, dass er auf eine seiner selbst, seiner Stadt und seiner Vorfahren würdige Weise gestorben ist, als wenn er fürderhin stets als ein Feiger gelebt!"

Damatrias.

Als Damatrias hörte, dass ihr Sohn sich feige und ihrer unwürdig betragen, tötete sie ihn nach seiner Rückkehr. Man hat auf sie folgendes Epigramm:[102]

(738)   Selbst die Mutter durchbohrt' den Damatrius, der das Gesetz brach,

Lakedämonier ihn Lakedämonierin.

---

[102] Über dieses und das zunächst folgende Epigramm vergl. Brunck Analect. I, p. 506. Die Übersetzung von Bothe.

Von andern unbekannten Spartanerinnen.

1. Eine andere Lakedämonierin tötete ihren Sohn, der seine Reihen verlassen, weil er des Vaterlandes unwürdig sei, mit den Worten: „Das war nicht mein Gewächs!", auf diese hat man folgendes Epigramm:

Fahre dahin, Missart, in die Finsternis! ström' Eurotas,

Dir erzürnt, selbst nicht furchtsamen Hirschen den Trank!

Dies Gezücht, nutzlos mir erwachsenes, fahre zum Hades!

Nicht gebar ich, was nicht wert des Spartanergeschlechts.

2. Eine andere schrieb ihrem Sohne, von dem sie gehört, er habe sich durch die Flucht vor den Feinden gerettet: „Ein übles Gerücht hat sich über dich verbreitet; mach' ihm jetzt ein Ende, oder höre auf zu leben!"

3. Eine andere, deren Söhne aus der Schlacht geflohen waren und zu ihr kamen, sprach: „Wo seid ihr hingeflohen, elende Sklaven, wollt ihr etwa wieder dahin, wo ihr herausgekommen seid?!" Und bei diesen Worten hob sie

ihr Kleid in die Höhe und zeigte ihnen den [entblößten] Leib.[103]

4. Eine Lakonierin sah ihren Sohn [aus dem Kriege] zurückkommen, und fragte ihn, wie es mit dem Vaterlande stehe. Als dieser antwortete: „Alle sind umgekommen!", so hob sie einen Ziegel auf und warf ihn damit zu Tode mit den Worten: „Dich haben sie uns also als Unglücksboten geschickt!"

5. Ein anderer erzählte seiner Mutter den rühmlichen Tod seines Bruders. „Schämst du dich denn nicht", rief sie aus, „eine solche Reisegesellschaft unbenutzt gelassen zu haben?!"

6. Eine Mutter, die ihre fünf Söhne in den Krieg geschickt, wartete an den Toren der Stadt auf Nachricht von dem Ausgange der Schlacht. Als nun jemand kam und auf ihre Frage erzählte, dass alle ihre Söhne umgekommen, entgegnete sie ihm: „Danach fragte ich nicht, du feiger Sklave, sondern, wie es mit dem Vaterland stehe!" Als aber dieser versicherte, es habe gesiegt, so rief sie aus: „Gut, nun vernehme ich gerne den Tod meiner Söhne!"

7. Eine andere beerdigte gerade ihren Sohn, als ein altes Weib zu ihr trat mit den Worten: „O Weib! was hast du für ein Schicksal!" —

---

[103] Vergl. die Erzählung bei Herodot II, 30 (XXXVII, 203).

„Bei den Göttern", erwiderte sie, „ein glückliches, da ich das errungen habe, weshalb ich meinen Sohn geboren; denn er sollte für Sparta sterben!"

8. Als ein ionisches Weib mit einem ihrer kostbaren Gewänder groß tat, zeigte eine Lakonierin auf ihre vier stattlichen Söhne mit den Worten: „Darin bestehen die Werke einer braven und tüchtigen Frau, darauf kann sie stolz sein und dessen sich rühmen!"

9. Eine andere hörte, dass ihr Sohn sich in der Fremde schlecht aufführe. Da schrieb sie ihm: „Ein übles Gerücht hat sich von dir verbreitet; mache ihm ein Ende, oder höre auf zu leben!"[104]

(740) 10. Eben so machte es Telentia, die Mutter des Pädaretus, über welchen sich einige Verbannte aus Chios, die nach Sparta gekommen waren, sehr beschwerten; sie ließ nämlich die Chier zu sich rufen, und als sie deren Beschwerden vernommen, schrieb sie ihrem Sohne, der nach ihrer Meinung gefehlt hatte: „Den Pädaretus grüßt seine Mutter. Entweder führe dich besser auf, oder bleibe und denke nicht daran, wieder nach Sparta zu kommen!"[105]

---

[104] Vergl. kurz zuvor Nr. 2.

[105] Schon unter den Denksprüchen der Feldherren und der Lakonier war Pädaretus genannt. Die Spartaner hatten ihn nach Cheos als Befehlshaber geschickt, während des peloponnesischen Kriegs. Da sonst stets mit Ruhm und Lob sei-

11. Eine andere sagte zu ihrem Sohn, der eines Verbrechens angeklagt war: „Mein Sohn, nimm entweder die Schuld von dir weg, oder dein Leben!"

12. Eine andere begleitete ihren lahmen Sohn in die Schlacht mit den Worten: „Mein Sohn, gedenke mit jedem Schritte der Tapferkeit!"

13. Eine andere sagte zu ihrem Sohne, der aus der Schlacht verwundet am Fuße und unter heftigen Schmerzen zurückkam: „Mein Sohn, wenn du nur an die Tapferkeit denkst, so wirst du keinen Schmerz fühlen und guten Mutes sein!"

14. Ein Lakonier, der im Kriege verwundet worden (741) und nicht gehen konnte, kam auf vier Füßen[106] heran; da er sich aber schämte und ausgelacht zu werden befürchtete, sprach seine Mutter zu ihm: „Um wie viel besser ist es nicht, mein Sohn, sich über die Tapferkeit zu freuen, als eines einfältigen Gelächters wegen sich zu schämen!"

---

ner gedacht wird, so scheint, wie Balckenär vermutet, die Mutter den Beschwerden der chiischen Flüchtlinge zu leicht Gehör geschenkt zu haben.

[106] Man kann an zwei Krücken denken, sodass es nicht nötig ist, zu glauben, als sei er auf allen Vieren (wie wir sagen), d. h. auf Händen und Füßen herbeigekrochen.

15. Eine andere übergab ihrem Sohne den Schild mit der Ermahnung: „Mein Sohn: Entweder diesen, oder auf diesem!"[107]

16. Eine andere überreichte ihrem Sohne, als er ins Feld zog, den Schild mit den Worten: „Diesen hat dein Vater für dich stets bewahrt; bewahre nun auch du ihn, oder höre auf, zu sein!"

17. Eine andere gab ihrem Sohne, welcher behauptete, er habe nur ein kleines Schwert, die Antwort: „So setze einen Schritt daran!"[108]

18. Eine andere, als sie hörte, dass ihr Sohn in der Schlacht tapfer gestritten und geblieben, rief aus: „War es doch *mein* Sohn!" Als sie aber von andern erfuhr, dass er durch feiges Betragen sich gerettet, sprach sie: „Dann war es nicht mein Sohn!"

19. Eine andere hörte, dass ihr Sohn in der Schlacht (742) auf seinem Posten umgekommen. „Begrabt ihn!", rief sie aus, „Und lasst an dessen Stelle seinen Bruder treten!"

---

[107] D. h. entweder bringe diesen, den Schild, zurück (als Sieger), oder lass dich auf demselben (wenn du nämlich im Kampfe gefallen) zurücktragen. Also so viel als: Siege oder sterbe.

[108] D. i. rücke dem Feind einen Schritt näher bei dem Angriff, sodass du das kleinere Schwert so gut gebrauchen kannst, wie ein größeres in größerer Entfernung von deinem Gegner.

20. Eine andere erhielt, während sie einem festlichen Aufzuge beiwohnte, die Nachricht, dass ihr Sohn zwar gesiegt, aber an den vielen Wunden, die er erhalten, gestorben sei. Da wandte sie sich, ohne ihren Kranz abzunehmen, mit stolzer Miene zu den Weibern, welche ihr nahe waren und sprach: „Meine Teuren! Wie viel rühmlicher ist es doch, in der Schlacht als Sieger zu sterben, als in den olympischen Spielen zu siegen und zu leben!"

21. Es erzählte einer seiner Schwester den rühmlichen Tod ihres Sohnes. „So sehr ich mich darüber freue", entgegnete sie, „eben so sehr betrübt es mich um dich, dass du an der ehrenvollen Reisegesellschaft keinen Anteil genommen hast!"

22. Jemand ließ einer Lakonierin einen Antrag machen, ob sie seinen Absichten willfährig sein wolle. Sie aber antwortete: „Als Kind lernte ich, gehorsam zu sein meinem Vater, und ich tat es auch; seit ich ein Weib bin, meinem Manne; wenn nun jener etwas Billiges von mir verlangt, so soll er es diesem zuerst offenbaren!"

23. Eine arme Jungfrau gab auf die Frage, welche Mitgift sie ihrem Bräutigame mitbringe, die Antwort: „Die väterliche Sittsamkeit!"

24. Eine Lakonierin antwortete auf die Frage, ob sie mit einem Manne zu tun gehabt: „Ich nicht, aber ein Mann mit mir!"

25. Eine andere, welche im Geheimen ihre Jungfernschaft verloren und ihr Kind umge-

bracht, ertrug, ohne einen (743) Laut auszustoßen, alle Schmerzen mit solcher Standhaftigkeit, dass weder der Vater, noch die andern in der Nähe etwas von ihrer Niederkunft merkten; denn die Furcht vor der Schande, welche sie traf, besiegte die Größe der Schmerzen.[109]

26. Eine Lakonierin, welche verkauft werden sollte, wurde gefragt, was sie verstehe: „Treu zu sein!", war die Antwort.

27. Eine andere Gefangene gab auf dieselbe Frage die Antwort: „Ein Hauswesen gut zu besorgen!"

28. Es wurde eine Spartanerin von jemandem gefragt, ob sie sich gut betragen wolle, wenn er sie kaufe. „Ja!" antwortete sie, „Auch wenn du mich nicht kaufst!"[110]

29. Eine andere, welche verkauft werden sollte, antwortete auf die Frage des Herolds, was sie verstehe: „Frei zu sein!" Als aber der, welcher sie gekauft, ihr etwas auferlegte, was für eine Freie nicht anständig war, rief sie aus: „Du sollst es beklagen, dir selbst ein solches Besitztum missgönnt zu haben!" und mit diesen Worten nahm sie sich selbst das Leben.

---

[109] Die Worte des Textes scheinen nicht ganz richtig.

[110] Die dritte Anekdote ähnlicher Art, auch die folgende und letzte gleicht sehr einer oben erzählten.

Printed in France by Amazon
Brétigny-sur-Orge, FR

10774390R10080